我要吃肉2

鸡肉

〔日〕猪股善人
江崎新太郎
谷昇 出口喜和 著
胡小翠 译

江苏凤凰科学技术出版社

图书在版编目（CIP）数据

我要吃肉. 2 / (日) 猪股善人等著; 胡小翠译. —
南京 : 江苏凤凰科学技术出版社, 2017.8（2018.2重印）
ISBN 978-7-5537-8035-1

Ⅰ. ①我… Ⅱ. ①猪… ②胡… Ⅲ. ①鸡肉 – 菜谱
Ⅳ. ①TS972.125

中国版本图书馆CIP数据核字(2017)第041461号

江苏省版权局著作权合同登记 图字：10-2016-531号

我要吃肉2

著　　　者　[日]猪股善人 江崎新太郎 谷昇 出口喜和
译　　　者　胡小翠
责 任 编 辑　祝 萍　陈 艺
责 任 监 制　曹叶平　方 晨

出 版 发 行　江苏凤凰科学技术出版社
出版社地址　南京市湖南路 1 号 A 楼，邮编：210009
出版社网址　http://www.pspress.cn
印　　　刷　北京旭丰源印刷技术有限公司

开　　　本　787mm×1092mm　1/16
印　　　张　12
字　　　数　100 000
版　　　次　2017年8月第1版
印　　　次　2018年2月第2次印刷

标 准 书 号　ISBN978-7-5537-8035-1
定　　　价　69.00元

图书如有印装质量问题，可随时向我社出版科调换。

目 录

目 录

目 录

第3章　创作——单品料理

目 录

目 录

第 1 章

全鸡的分切处理法与料理准备

想要做出美味的鸡肉料理，了解鸡肉是非常关键的。为什么一只鸡这部分肉质柔软，而那部分肉质又会富有弹性呢？

这一章，将为大家解开鸡肉之谜，介绍全鸡（含内脏）各部位的处理方法以及取出内脏的顺序。鸡血怎么清理？内脏怎么处理？还有怎么做造型？稍后统统为你呈现方法和步骤。

本章也会介绍全鸡（不含内脏）的切法、去骨布袋鸡和全鸡去骨等处理方法。分切处理时，请参考本书第 10 页的鸡骨骼图。学会之后，你也会如大厨一般，随心所欲地做出美味的鸡肉料理。

鸡肉的特征

与其他肉类相比，鸡肉更讲究新鲜度。一只鸡被宰杀后，其肉质的保鲜时间较短（8~48 小时），如果在零下 1℃的温度下保存，则可以延长其保鲜期。若煮熟后急速冷冻，也能长期保存。但是想要食用新鲜鸡肉，宰杀后应尽快食用，时间越久，味道越差。

想做出美味的鸡肉料理，必须从了解鸡肉开始。如果不将鸡肉煮熟直接冷冻，鸡肉会僵硬。其保水性会变差，若直接拿出来烹饪，会因肉汁流出造成其中的精华流失，让食物索然无味、干硬难以下咽。影响鸡肉美味的氨基酸属于肌苷酸，在鸡肉处理完成后 8~24（温度 4℃保存条件下）小时内含量多，因此普遍认为鸡肉在此时间段食用是最美味的。

鸡肉的各个部位

【鸡腿肉】

鸡腿肉与鸡翅一样属于常活动部位，因此其肉质紧实。与鸡胸肉相比，它的蛋白质含量较低，但脂肪、维生素 A 及钠元素含量较高。鸡腿肉更受大众喜爱，出售价格也比较高。

【鸡胸肉】

鸡胸肉富含蛋白质且脂肪含量较少，又因其价格便宜、口味清淡、肉质柔软，在料理上运用范围较广，因此赢得了大众的青睐。因其脂肪少、水分多，如果过度加热会导致水分流失，口感变干涩，因此烹饪时要注意加热方式。对于鸡肉而言，现宰现吃，新鲜度最好，但不是每个人都有这种条件，尤其生活在大城市的人吃的鸡肉都是经过处理才流入市场售卖的。其实在解体前将鸡连骨保存在冰冻库 6~12 个小时，完成后进行解体并挑出胸肉部位的鸡胸肉，肉质更柔软。

【鸡柳】

鸡柳是位于鸡胸肉侧、呈竹叶形的细长部位。一只鸡有两块鸡柳，与鸡胸肉一样富含蛋白质，但它的脂肪含量低。在所有部位鸡肉中，鸡柳是最柔软的，且吃起来较清淡。它含有粗筋，必须要去除后方能烹饪。

【鸡翅】

鸡翅由三个部分组成，分别是鸡翅腿、鸡翅中和鸡翅尖。和鸡胸连接起来的部位为鸡翅腿，鸡翅正中部位为鸡翅中，翅膀最前端部位为鸡翅尖。各个部位之间以关节连接，因此有时候会直接使用鸡翅（鸡翅中与鸡翅尖保持连接）泛称。本书中，将分别介绍鸡翅腿、鸡翅中和鸡翅尖。以上三部分因表皮占大部分，所以它富含脂肪、维生素 A 和胶质，热量低。

【鸡肝、鸡心】

鸡肝常常与鸡心一起搭配售卖。鸡心的特色在于其口感佳。它的周围包裹着薄膜，因此要将薄膜撕掉，对半切开，清洗其血块后再使用。鸡心富含铁与钠，是鸡内脏中热量最低的部位。鸡肝若过度加热会变僵硬，因此在烹饪时要注意火力。鸡肝是全鸡身中含有最多矿物质的部位，另外维生素 A、B 族维生素、维生素 D 等含量也十分丰富。

【鸡胗】

鸡胗是鸡的胃部。它分为腺胃（又称胗头）和筋胃。负责消化功能的部位为腺胃，负责储存消化后残余物质的部位称为筋胃。而鸡胗就是筋胃，也称为砂囊，颜色为红色，相当有嚼劲。去除外层银色的皮之后，其含钙量是鸡身上所有部位当中最多的，且其热量低。

❶ 锁骨
以头颈的连接处为中心、分为左右均等的一根骨头，从正面看，锁骨下方会形成一连结的"V"字形。若在烹煮完成、要分切例如烤鸡头之类的全鸡料理时，先将锁骨拔除会更容易操作。

❷ 乌喙骨
连接着锁骨与肩胛骨的连结处。由于乌喙骨、锁骨及肩胛骨连结形成的形状如同船锚，故这三根骨头被称为锚骨，也称为三角骨。

❸ 肩胛骨
与乌喙骨相连接的骨头。在分切鸡胸肉时，也有用菜刀沿着肩胛骨切的切法。

❹ 胸椎（脊椎骨）
贯通身体背部中心的骨头。在本书中以脊椎骨一词表示。与髂骨及坐骨相连接。

❺ 上肢骨
贯通鸡翅膀的骨头。也会以直接连结着胸肉部位的方式分切。

❻ 桡骨
翅膀内的骨头，续连着上肢骨的部分。与另一侧尺骨相比，它比较细些。

❼ 尺骨
翅膀内的骨头，续连着上肢骨的部分。与桡骨相比，它较粗些。

❽ 肋骨
它是保护内脏的骨骼。左右两侧皆有7根骨头。为了包覆内脏，所以中间角度有所改变，每根骨头也有各自的名称，但本书统一以肋骨称呼。

❾ 胸骨
以胸骨为中心，将胸肉分为左右两侧，呈三角形。胸骨前端较细的部分较软，在烧烤时常被运用于软骨料理。

❿ 髂骨
位于背部，与坐骨相连接。分切出鸡腿肉等部位时，有时会用刀从髂骨上方切入，来取出腿肉。

⓫ 坐骨（骨盆）
文中以骨盆一词表示。分切已去除关节部位的鸡腿肉时，会用菜刀沿着坐骨切入，将肉取出。

⓬ 大腿骨
贯通鸡腿根部的骨头。在切开已分切出的鸡腿肉时，从大腿骨至胫骨两侧以刀切入，并将骨头取出。

⓭ 胫骨
贯通接近脚尖部位的骨头。切开已分切出的鸡腿肉时，从两侧以菜刀切入。胫骨旁边续连着细骨。由于肉质不同，有时也会从大腿骨与胫骨间的关节切开分别烹调。

鸡骨骼图

图示为鸡的骨骼图。为了让读者易懂，故以半身图作为展示。除了本图里构成身体左右中心点的骨骼，如胸椎、髂骨、坐骨、胸骨等之外，另一半身体也会存有相同的骨骼。其实不仅限于鸡，由于鹌鹑或雉鸟等鸟类几乎骨骼构架类同，因此在分切处理鸟类时也可参考此图。另外，在此介绍的骨骼名称只限于本书中所用到的部位，并在括弧内标注了本书所使用的骨骼名称。

全鸡的分切处理法 / 猪股善人

全鸡是指尚未取出内脏，只拔了鸡毛，去了鸡脚或者脚趾甲的鸡。本书将介绍从全鸡身上分切鸡肉，从鸡体内中取出内脏和将内脏分类的一般处理顺序（可食用部分，以烧烤常用顺序分切出来）。

鸡肉处理

【 切下鸡头与鸡屁股 】

1

只是拔了鸡毛，还留有内脏的全鸡。

2

首先切下鸡头。

3

然后切下鸡的屁股。（具体操作方法请参考第51页，鸡屁股串）

4

在鸡背部的骶骨上划一切口，以便分开鸡腿肉。

5

将鸡胸侧面朝上，切开两只鸡腿根部的皮。

6

用双手将两只鸡腿牢牢抓住。

7

将鸡腿向外侧折弯，露出关节部位。（由于猪股大厨是左撇子，左手拿刀，惯用右手的人要注意将左右颠倒。）

8

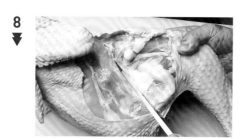

关节外露状态。

9

由此沿着骨盆（坐骨）切开鸡腿肉的周边。

10

用菜刀切入大腿骨与骨盆连接部位，将大腿骨露出。

11

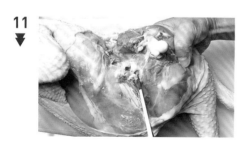

将鸡腿向外侧拉开，露出筋肉，继续再切开一点。

12

用刀背紧紧地压住鸡骨，另一手将鸡腿剥离。

13

把皮切开，取出鸡腿。

14

取出另一侧的鸡腿，再将鸡后背的皮切开。

15

将鸡腿向外侧折弯，沿着骨盆切开鸡腿的周边。

16

用菜刀切入大腿骨与骨盆连接部位，待露出筋肉后，继续切开。

17

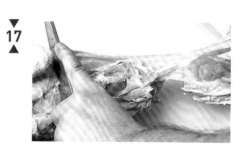

用刀背牢牢地压住鸡骨，另一只手将鸡腿剥离出来。

【取出鸡胸肉和鸡柳 】

1

　将鸡胸侧朝上，用菜刀切入翅膀根部的关节。

2

　菜刀沿着锁骨和鸟喙骨切入，将鸡胸肉外露。

3

　菜刀由肩胛骨与上肢骨的结合处切入，切开鸡翅膀根部关节与周围的筋。

4

　刀刃朝上切开鸡背的皮。

5

　图为用菜刀将翅膀周围切开后的状态。

6

　刀背紧紧地压住与鸡颈的连接处，拉开翅膀露出鸡胸肉。另一侧也以同样方法处理。

7

　菜刀切入鸡关节部位，分切出鸡翅中。

8

　鸡皮朝下，将鸡翅腿从鸡胸肉中分切出来。

9

　将鸡身中的鸡柳取出，图为留在鸡身内的鸡柳。

10

　切开鸡柳周围的薄膜。

11

从鸡颈方向开始取出鸡柳。

12

图为取出的鸡柳。另一侧的鸡柳以同样方法取出即可。

【 去除鸡腿骨 】

1

将后腿肉侧向下摆放，从鸡的脚端开始，沿着鸡腿骨（胫骨）内侧用菜刀切入。注意菜刀直立、用刀尖切开。

2

切开关节周围的筋，沿着大腿骨内侧继续切开。

3

取出另一侧的鸡腿，再将鸡后背的皮切开。

4

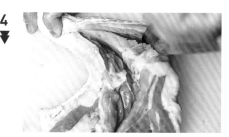

以同样的方法，沿着胫骨外侧，用菜刀切入。

5

切到关节处为止。

6

沿着大腿骨外侧、用菜刀切入鸡腿肉至根部为止，然后会看到整个露出的骨头。

7

用菜刀切入关节。

8

在大腿骨（靠近鸡腿根部的骨头）的关节下方（如图片所示位置）切开，使胫骨能露出来。

9

　手握鸡腿处，以折弯的方式拉起鸡腿，切开筋。

10

　将关节周围的筋全部切除。

11

　刀背压住大腿骨，拉开鸡腿肉。

12

　切除大腿骨。

13

　用刀背敲断胫骨与鸡腿关节连结的上方。

14

　用菜刀挑起切断的骨头。

15

　用菜刀压住筋骨，拉出鸡腿肉。

16

　将胫骨切除。

17

　切取步骤42敲断时所留下的鸡腿部位。另一侧的鸡腿也用同样方法取出胫骨。

▶▶　分切完成的全鸡。图片下方由右至左分别为鸡腿肉2块（外皮及内侧）、鸡胸肉2块（外皮及内侧），图片上方由右至左分别为鸡脚2个、鸡腿骨4个（大腿骨2个、胫骨2个、鸡屁股1个、鸡柳2条、鸡翅膀（鸡翅尖和鸡翅中）2个、鸡翅腿2个。

鸡骨处理

　　用刀背紧紧地压住鸡骨，另一只手拉开鸡背部的鸡皮。

　　拉到鸡颈部位为止，把鸡皮全部剥除。

　　用菜刀切入肩胛骨根部，另一侧的肩胛骨也会露出来。

　　另一侧以同样方法处理。

　　一手压在肩胛骨根部和鸡胸骨处，另一只手抓着鸡颈处并用力将其拉开。

　　拉出鸡胸骨，图片下方为鸡胸骨部位。

　　将鸡胸骨分切出来。

8 ▼

　将脊椎骨颈部附近的薄膜切除，用菜刀压住鸡颈，将食管管拉出来。

9 ▼

　先不要着急切断食管管，继续将内脏部分拉取出来。

10 ▼

　连同内脏一起取出。

11 ▼

　将内脏取出时要小心，不要破坏鸡肠。

▼ **12** ▲

　图片下方为内脏、鸡皮。图片上方为脊椎骨、左侧为鸡胸骨。

内脏处理

1 ▼

　先取出鸡肝，从它入手处理。

2 ▼

　抓起鸡肝一侧，将其周围的薄膜切开，清除干净。

3 ▼

　另一侧也以同样的方法切开，将整只鸡肝切取出来。

4 ▼

　取出鸡肝与鸡心。（具体操作方法请参考第 53 ～ 54 页：鸡肝、鸡心）

5

将食管管切取出来。（具体操作方法请参考第 55 页）

6

在剩余内脏中，将鸡胗掏出来。

7

用手紧握后，用力拉取出来。

8

取出鸡胗。

9

将剩余的内脏和头部整理扔掉。

10

将胃袋（腺胃，又称胗头）从鸡胗上切除。

11

在鸡胗上划细刀。

12

将划刀的鸡胗剥开。

13

将内侧薄膜去除，然后取出鸡胗。（具体操作方法请参考第 55 页）

14

将脊椎骨内侧剩余的鸡肺摘除，将鸡肾摘出。先处理一侧。

15

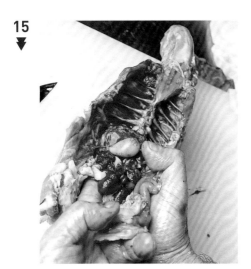

　手指伸入脊椎骨深处，将鸡肾摘出来。

16

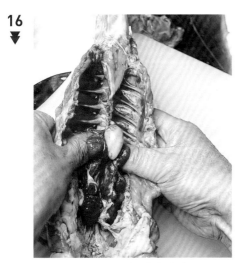

　另一侧按照同样的方法摘出来。

17

　用菜刀切入后方连接处，将鸡肾切取出来。（具体操作方法请参考第54页）

18

　以手指将鸡软骨从鸡胸骨部位取出来。

19

　折取连接处，取出软骨。（具体操作方法请参考第52～53页）

20

　用菜刀切入脊椎骨鸡颈根部、鸡肉与鸡颈骨的交界处（两侧）。

21

　一边抓起鸡肉并拉开，一边用菜刀切取。（具体操作方法请参考第47页）

22

　取出脊椎骨内的横膈膜。首先将刀刃朝上，切开横膈膜（较薄部分的肉）的一端。

23

用菜刀从切口继续切开，取出横膈膜。

24

图为分切好的可食用内脏。
右上至右下分别为鸡肝和鸡心、鸡脖肉、鸡皮、食管。
左上至左下分别为鸡胗、鸡肾、横膈膜。

鸡的各部位在料理前需要做的准备工作

这里将介绍给鸡内脏去除血污的常用方法或切法。根据烹饪方法不同，其切法也会相应地改变。

内脏清理

【鸡胗/猪股善人】

鸡胗是鸡的胃，煮熟后的口感富有嚼劲。鸡胗首先要剔除银色的皮，即周围的薄膜才能食用。究竟该怎么处理才会保持食材的美味与干净呢？下面分 5 个步骤来介绍。若烹饪使用大块鸡胗，也可以不将鸡胗对半切开，而是直接取两块。

1

从鸡胗如同驼峰的部位对半切开。在做碳烤串烧时，会将此横切面串于外侧。

2

用菜刀切除鸡胗外侧的银皮。

3

将中间部分的鸡胗翻出内侧，切除银皮。

4

中间部分可切成2块鸡胗。

5

剥除银皮、清理完成的鸡胗。一只鸡能获得4块鸡胗。

【鸡心／出口喜和】

鸡心是鸡的心脏。由于内含血块，所以要纵向切开、清洗干净后再食用。因其肉质特性难以入味，因此在烹饪热炒时，可以先在鸡心上划刀帮其入味。

1

切除鸡心的根部连接处。

2

用菜刀纵向切开。

3

切开后将油脂切除。

4

用清水清洗干净。

【鸡肝／江崎新太郎】

鸡肝是鸡的肝脏。由形如蝴蝶翅膀状连接的两个部分组成。水分含量多，若过度加热，会因水分蒸发导致口感干涩，肉质干硬，丧失原有美味。

3

图为去筋后的鸡肝。

1

鸡肝对半切开。

2

在鸡肝表面划数刀去筋。

4

用流动的水冲洗，去除鸡肝中的血污。

5

剥除表面薄膜。

【鸡柳去筋／猪股善人】

鸡柳位于鸡胸肉内侧，由两条相连且细长的部分组成。由于鸡柳有一条粗筋，因此需要事先将粗筋去除后再使用。鸡柳脂肪含量极少。另外，比起鸡胸肉，鸡柳肉质更柔软，也常用汤霜法 * 或半烤 * 方式烹饪。快速加热表面，在其内部保持半熟状态时 食用。

2

沿着连接鸡柳中间的粗筋，逆向用刀切去薄筋。

1

鸡柳。

3

将筋拉起来切除。

> * 汤霜法：以热水直接淋在肉的表面，肉因此变白如同覆盖了一层薄薄的霜。故而得以此名。
> * 半烤：直接以火炙烤，将肉的外层烤热，但内部还保持生的状态。

【 鸡爪处理／出口喜和 】

鸡爪是鸡的脚，是中餐常用的一种食材。鸡爪烹煮后会产生一种胶质，令它变得相当黏稠软烂。这里将介绍鸡爪从水煮到去骨的全流程。介绍中餐的事先准备过程，所添加的香辛菜以及酒都属于中餐调料。根据不同的烹饪方法，更换去杂质所使用的材料较好。另外，以滚烫的开水代替高汤水煮也是可以的。

1

鸡爪。

2

用剪刀剪去鸡爪上的指甲。

3

煮开高汤或热水，加入酒和已处理过的鸡爪，去杂质。待鸡爪膨胀后，取出。

4

另起一锅，将高汤或者热水重新煮沸，放入鸡爪，加入葱段、姜片、红辣椒、花椒以及老酒＊一起烹煮。煮沸后调中火，盖上锅盖焖煮1小时左右。

5

取出鸡爪朝上摆放，沿着骨头划刀，再在切口处顺着关节去骨。

6

鸡爪（右侧）以及取出来的骨头（左侧）。

＊老酒：以糯米为原材料酿造，并经长时间沉淀而成的酒。

【 鸡骨清理／谷昇 】

炖高汤得先学会鸡骨的处理方法。骨髓可熬出营养精华，因此在处理骨头时要切成小块且多断面。

1

去除锁骨，用菜刀切入肋骨正中间的关节。

2

另一侧肋骨也以同样方法操作即可。

3

以刀背压住鸡骨，将鸡胸侧面的鸡骨拉开。

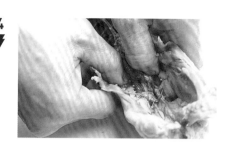

4

用手拔除附在脊椎骨上的鸡肾，留下脂肪部分。

5

将其分为两部分。图为分离好的鸡骨。

6

炖高汤时要将菜刀切入鸡骨中的细骨，让骨髓能流出，熬煮时会释放出营养精华，让美味升级。

如何去除锁骨 / 谷昇

连接鸡头根部的 ∨ 字形骨头即为锁骨。做烤全鸡等菜肴时，若先将锁骨去除，在烧好后，能令分切更容易。去除锁骨之前，若全鸡仍然连有鸡头，可用菜刀从鸡的背部切入鸡脖皮内将其去除。另外，如果还有残留的鸡毛，也要完全拔除。

1
若残留鸡毛，将其完全拔除，要做到一毛不剩。

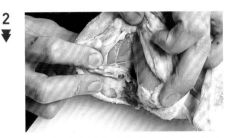

2
将鸡胸侧朝上摆放，打开连接鸡头的部位，能看到一V字形。

3
用菜刀尖端切入V字形右边外侧，沿着锁骨切开。

4
内侧也用同样方法以菜刀尖端沿着锁骨切开。

5
从V字形左边的外侧及内侧，用菜刀尖端沿着锁骨切开。

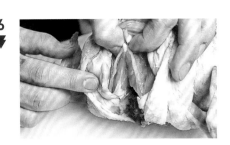

6
推露出V字形顶点的软骨。

7
用菜刀切出锁骨尖端。

8
用菜刀尖端将锁骨慢慢剔出来。

9
将锁骨推到外侧，以方便取出。

鸡肉料理造型记

不局限在鸡肉料理上，在烧烤或水煮整只禽鸟类菜肴时，为了能以漂亮的外形呈现在餐桌上，会使用棉线类坚固的线以及较长、较粗的烧烤竹签将鸡缝补以固定其形。注意需要先将锁骨去除。

使用竹签

一般都知道如何使用棉线给料理造型，这里将给大家介绍使用两支竹签穿过鸡腿、鸡脖和鸡翅来固定鸡的方式，比较简易且运用范围广，就其实用度而言，使用竹签造型的方法会更好。

1

鸡胸侧朝上摆放，先将鸡脖皮拉展开来，并往鸡背侧折去。鸡翅折向背侧。

2

图为已折好鸡翅的状态。

3

从背部所看到的鸡脖皮和鸡翅。

4

回到鸡胸侧，将鸡屁股压入鸡体内。

5

用竹签穿刺贯通鸡腿的两根骨头。

6

竹签穿过鸡腹皮，再穿入另一只鸡腿的两骨之间。

7

将竹签剪成适当的长度。

再用一根竹签穿过鸡翅中的两个骨头。

背侧朝上摆放，用竹签穿过鸡脖皮和鸡背肉数回。

再以竹签穿入另一只鸡翅中的两根骨头之间。若竹签太长，剪至适当的长度。

使用棉线

这里介绍使用棉线将全鸡固定的造型方法。先将棉线裁成合适的长度，使用时更加方便。

此方法与前页使用竹签的方法有相似之处，前面的 1~4 步骤与使用竹签的方法相同。

鸡胸侧朝上摆放，用棉线中间部分绑住鸡腿部位的关节。

然后将棉线交叉拉紧。

从胸骨下方沿着鸡腿部位绕线。

从侧面观察到的步骤 3 的状态。

沿着鸡腿部位将棉线绕紧（如图所示），并将鸡的背侧朝上摆放。

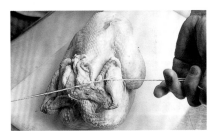

将棉线绕过鸡翅与鸡脖皮上方，用棉线缠绕两圈以上，再打结。

7

如图所示，将棉线紧紧地打个结。即使烹煮后，原先打的线结也不会轻易松掉。

8

紧紧地绑好。

9

用棉线做好造型的全鸡。

使用针线

这里的针线，不是传统的针线，而是烧烤用的铁签与一根棉线。下面介绍一边用针缝合鸡肉，一边用棉线定型的方法。为了防止棉线与针脱落，请先将针线紧紧地打结固定。前面步骤与使用竹签 1~2 步骤相同。

1

鸡胸侧向上摆放，将鸡腿延伸拉出，用针刺穿鸡腿关节内侧，穿过鸡胸肉，从对角线位置的骨盆上方穿出。

2

图为已穿好针的状态。在此基础上再穿棉线。后端留有 10 厘米左右的棉线。

3

棉线绕过鸡脚上方，穿过鸡屁股皮（胸骨末端附近）。

4

将棉线穿过并拉紧。

5

绕过另一只鸡脚上方，用针穿过骨盆上方、穿过鸡胸，从鸡腿内侧穿出。穿针处于步骤 1 左右对称的位置。

6

将鸡屁股压入鸡体内，拉紧棉线。

7

背侧向上摆放，从外侧用针穿过鸡翅中的两根骨头。

8

用针穿过鸡翅尖的皮。

9

将鸡脖皮和背侧鸡肉缝合。

10

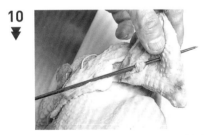

用针穿过另一侧鸡翅尖的皮，再由内侧穿过鸡翅中的两根骨头。

11

图为用棉线穿好的状态。

12

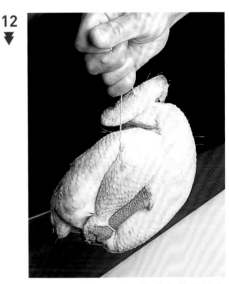

提起棉线两端，借鸡身的重量将棉线拉紧。千万不能强硬地随便施力拉紧。

13

将棉线叠绕两圈，绑紧，打好结。

全鸡料理前的各项准备 / 谷昇

如何取出鸡腿肉与鸡胸肉

　　本节介绍分切出全鸡的两只鸡腿肉以及两块鸡胸肉的处理方法。根据之后的烹饪用途，分别介绍带骨鸡胸肉与去骨鸡胸肉的两种分切处理法。烧烤时，带骨鸡胸肉的优点在于，鸡肉不会缩得太厉害，看起来有分量。

【 分切鸡腿肉 】

1

　　鸡胸侧朝上摆放,将鸡翅尖切除。由于不需要鸡皮,因此尽量将鸡皮包着的鸡翅尖一并切除。

2

　　用菜刀从关节处切入,切除鸡翅尖。

3

　　手指将鸡胸皮抓拢,尽量将鸡皮留在鸡胸部位。

4

　　抓拢鸡皮后,用菜刀切入鸡腿连接部位内侧的皮。

5

　　以同样的方法切入另一侧的鸡腿皮。

6

　　在背侧先切出一开口。

7

　　用手将鸡腿拉向外侧并露出关节,以菜刀朝鸡屁股方向继续切入。

8

　　一边用单手拉开鸡腿,再以菜刀沿着骨盆往鸡屁股方向继续切入。

9

　　现在从反方向,由鸡屁股侧开始沿着骨盆以菜刀切入,将鸡腿分切出来。

10

　　图为鸡腿从骨盆分离出来的状态,继续切至关节处。

11

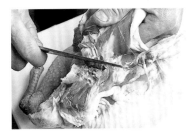

　　经过关节后，朝脊椎骨方向以菜刀切入，切除筋。

12

　　从骨盆上的髂骨分切出鸡蚝 *，整理鸡皮外形后，将鸡腿切下来。

13

　　另一侧也以同样方法处理。用手将鸡腿拉向外侧并露出关节，单手拉开鸡腿，从鸡屁股侧，以菜刀沿着骨盆切入。

14

　　经过关节后，菜刀朝向脊椎骨切入，切除筋，并分切出鸡蚝。

15

　　整理好鸡皮后分切。

16

　　分切出的两只鸡腿。

17

　　从鸡腿关节处将鸡脚切除。

　　* 鸡蚝：两块，约指头大小、椭圆形，位于背脊骨与上腿之间，嵌在骨盆的微凹处，字面上的意思为"傻瓜才不吃的东西"，意指鸡肉中最精华之处。故中文译为鸡蚝（鸡肉中的生蚝）。

【 分切带骨鸡胸肉 】

1

　　鸡胸侧向上摆放，在最接近鸡屁股的地方，用菜刀刀刃朝上将皮切开。

2

　　菜刀切入肋骨连接根部。

3

　　将鸡肉放平，从肩胛骨及脊椎骨之间切入，将肋骨切开。

4

把鸡肉颠倒放置。

5

另一侧也用同样方式处理，以菜刀切入肩胛骨与脊椎骨之间，切开肋骨。

6

用手紧紧地固定住鸡头，将肩胛骨与肩部的连接处完全切除。

7

右侧为鸡胸肉（因其形又称为鸡兜*）。左侧则为脊椎骨。鸡兜可直接用以烧烤或者再对半分切使用。

8

对开分切鸡兜。首先切除靠近鸡翅的 V 字形锁骨（具体操作方法请参考第 24 ~ 25 页），以菜刀切入 V 字形内外两侧后，将锁骨推出。

9

以刀尖插入后，将锁骨推出。

10

拉鸡皮，让其张开，沿着鸡胸骨切开鸡皮部分。

11

鸡肉内侧朝上摆放，从头部方向开始切至鸡胸骨连接根部。

12

将鸡肉前后倒放，对半切开鸡骨。

13

分切完成的鸡胸肉。这样便分切出鸡腿肉 2 块，鸡胸肉 2 块，共 4 大块鸡肉。

> *鸡兜：由于此处鸡胸肉形似日本武将用以保护头部的护甲，日文中汉字为"兜"，故亦有此称。

【 分切去骨鸡胸肉（A）】

鸡胸肉分切方式与第 30~31 页的步骤 1~17 相同。

1

将鸡皮侧向上摆放，以菜刀切至胸骨上方。

2

刀刃稍微向内部，沿胸骨切至近手处。

3

切至锁骨，将锁骨对半切开。

4

把鸡肉放平，菜刀从切开的锁骨处切入。

5

沿着肩胛骨内侧继续切入。

6

挑起鸡胸肉，露出鸡翅腿关节，切除关节周围的筋膜。

7

以刀背压住脊骨，将鸡胸肉拉开并取出。

8

切除位于鸡翅腿关节附近，相连接的锁骨、乌喙骨和肩胛骨。

9

　　从鸡翅腿关节处切除肩胛骨、鸟喙骨及锁骨。因其形，这3根骨头被称为猫骨，也称为三角骨。

10

　　左侧为连有鸡翅的鸡胸肉，右侧为切出的猫骨（由左至右分别为肩胛骨、鸟喙骨、锁骨）。

11

　　分切鸡柳。切开鸡柳连接部位后，小心地将鸡柳分切出来。

12

　　切除鸡柳的筋。用手指捏起筋，逆刀即刀刃朝上切断筋的一端。

13

　　紧紧压着鸡柳筋被切断一端。刀刃朝外将筋切除。

14

　　尽可能将鸡肉留在鸡胸部位，将鸡翅分切出来。

15

　　在鸡胸肉纤维交错处分切成两块，以菜刀切入，挑出筋。

16

　　逆刀即刀刃朝上挑起薄膜般筋的一端。

17

　　将薄筋切除。

18

　　分切为两块的鸡胸肉和鸡柳。另一侧的鸡胸肉也按照步骤2~17方式进行分切。

【 分切去骨鸡胸肉（B）】

将鸡柳保留在鸡胸骨上，仅取出鸡胸肉。本页所说的图片为已取出一片鸡胸肉的状态。以下内容为剩余另一片鸡胸肉的分切顺序。

1

菜刀沿着胸骨切入鸡柳至近手处。

2

鸡皮侧向上，不取出鸡柳，将鸡胸肉分切出来。

3

将鸡肉前后对调，换个方向，菜刀由鸟喙骨上方切入，分切鸡胸。

4

一边单手拉起鸡胸肉，一边将其切开。

5

逆刀切除鸡胸肉一端所连接的筋。

6

如果需要，可以将剩下的鸡柳分切出来。

去骨布袋鸡

将全鸡整理成布袋形状，是菜刀不入鸡体内切，只去除鸡身中的骨头的一种处理方法。在鸡身内部填充内陷即能让其恢复原样，水煮、烧烤都行。通常不使用个头较大的鸡。

如果鸡身仍残留鸡毛，需要先完全清理干净鸡毛。

1

将鸡翅中分切出来。尽量不要让鸡皮残留在鸡翅腿部，在关节处下刀。两侧用同样方式分切。

2

将鸡背向上摆放，切开鸡头皮。

3

取出鸡颈皮内侧食管等内脏与脂肪。

4

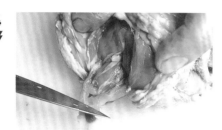

菜刀沿着V字锁骨的内外两侧切入，然后用刀尖切入锁骨下方，将锁骨取出。

5

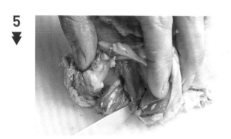

刀尖由内侧切，直到切至鸡翅腿的连接关节露出即可。并用刀切开其周围的筋。另一侧也以同样方法处理。

6

图为关节完全露出的状态。

7

菜刀沿着两侧肩胛骨切入，待切至鸡肉露出来即可。

8

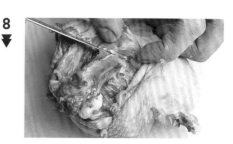

小心不要将鸡皮切破，继续切入。

9

鸡胸侧向上摆放，将鸡皮剥开，露出胸骨前端的软骨。

10

鸡柳现在仍然附在鸡骨上，用菜刀沿着软骨继续切入。

11

切至如图所示状态。

12

将鸡身放平，如同将鸡肉从肋骨刮除的方式切开。另一侧也以相同方法切开。

13

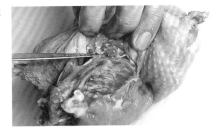

　　鸡背侧向上摆放，进一步切入，待鸡蚝部位露出即可。

14

　　图为鸡蚝露出的状态。

15

　　再接再厉，继续切入，将鸡腿连接的关节切至露出来。注意不要切到鸡腿皮的部分。

16

　　从骨盆处将脊骨分切出来。

17

　　图为分切出来的鸡骨。

18

　　从鸡骨处切除鸡柳。另一侧鸡柳也按照相同方法分切出来。

▶　去骨完成的全鸡（右侧）、鸡骨以及两块鸡柳。

去骨全鸡——如何剔除鸡骨头

　　将全鸡去骨，切成一块一块的。用于法国料理鸡肉卷（Ballotine）。虽然鸡肉卷属于去骨的鸡肉卷料理，但这种处理方法不仅仅用于法国料理，也广泛用于日本料理以及中式料理等。切除鸡翅尖、去除锁骨等步骤与去骨布袋鸡步骤的1~5相同。也是将鸡肉从鸡骨中剥离出来，做分切处理。

1

　　鸡背侧朝上摆放，菜刀沿着脊椎骨方向切入。

刀尖向内侧切，直至露出鸡翅腿的连接根部关节。

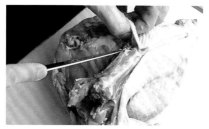

从头部方向开始，刀尖按照步骤1的切口处沿着肋骨将鸡肉切开。切至大约一半的位置。

将鸡肉放平，鸡背侧朝向自己，另一侧用同一方法分切。

沿着髂骨将鸡蚝分切出来。

将鸡胸侧朝上摆放，鸡柳留在鸡骨上，用手将鸡胸肉剥取下来。

用刀将鸡腿连接根部关节切开，使其露出来。

另一侧鸡腿连接根部的关节，用同上的方法切，使其露出来。

鸡背朝上摆放，继续切鸡肉，直到切至骨盆。

切开两侧肋骨的腹膜。

将鸡肉由骨盆分切出来。

12

把鸡柳从鸡胸骨中分切出来。

▶▶ 图片从左至右分别为去骨鸡身、鸡柳和鸡骨。

高汤

日式鸡骨高汤 / 猪股善人

炖煮鸡骨高汤从早晨就得开始准备好。需要经过大约 8 小时的慢炖熬制才能做成。首先用沸水烫一下鸡骨，然后用流动的清水仔细清洗，才能煮出清澈干净的高汤，这是绝对不能忽略的重点。这样熬制出来的高汤使用范围更广，除了搭配烧烤串喝的汤或杂烩粥，也可以用作鸡肉火锅汤料等其他各种料理。若再加入其他不同的香辛菜，就不仅限于用在日式料理，还能用在西式和中式料理。

material
材料
鸡骨架和鸡头……12 只
水……24 升
长葱（葱叶部分）、白萝卜条等……适量

1

准备好鸡架骨。使用全部的鸡骨，包含鸡背脊骨、胸侧骨、鸡腿或鸡翅骨等。

2

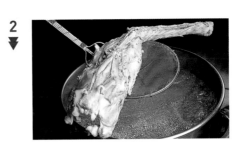

大锅煮沸热水，放入鸡骨煮 5~6 秒后取出。所有鸡骨都需要氽烫。

3

放入大盘中，用清水清洗残留的鸡血。

4

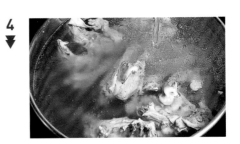

用流动的清水清洗，直至原先浑浊的水变得清澈透明为止。

5

将鸡骨放入（寸桐锅 *）炖锅内，加入 24 升的水，以大火加热。

6

待水沸腾后，将火稍微调小，捞出浮在锅上面的杂质与泡沫。

7

将杂质彻底捞出，然后将火调小，放入切好的长葱、白萝卜条炖煮 8 小时。按照能让锅内水达到滚沸状态调节火候即可。

8

图为已炖煮 8 个小时的汤。

9

过滤高汤。在筛子上铺上布，将高汤倒入过滤。

10

不需要任何压的动作，自然而然地过滤即可。

> *寸桐锅：圆桶形的深锅，其直径与深度几乎同长，常作为炖煮大量高汤的锅。

中式母鸡高汤 / 出口喜和

它在中式料理中备受大家青睐。需要使用老母鸡，这样才能经受住长时间炖煮，炖出浓浓的醇鸡汤。为了炖出更浓、应用范围更广的高汤，这里会加入猪骨一起炖煮。高汤在餐馆营业当中会持续开火加热，并运用于各式的料理制作中。

材料
老母鸡（全鸡，已拔净鸡毛、去了鸡头与内脏）……2 只
鸡骨架……4 千克
猪骨（脊椎骨）……4 千克
长葱（葱叶部分）……20 根
姜……4~5 块
洋葱……5 颗

1

对半切开老母鸡，在各处切下切口。

2
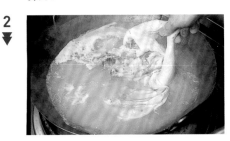
将老母鸡放入沸水中汆烫 1~2 分钟。

3

待杂质浮出聚积后，捞出杂质并用清水清洗老母鸡。

4

清洗鸡骨架和猪骨，清除其脂肪部分和血块。

5
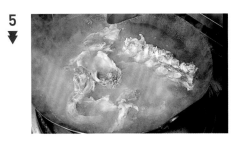
将鸡骨架和猪骨放入沸水中汆烫 1~2 分钟。

6
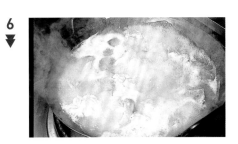
待杂质浮出并聚积后、将鸡骨架、猪骨取出。

7

清洗后，使用筷子等工具将猪脊椎骨骨髓取出来。

8

去除老母鸡的残血。

9

炖锅（容量 32 升）中加入八分满的热水，将老母鸡、鸡骨架、猪骨浸入水中，大火加热。

10

待水沸腾之后，若有杂质浮出，将其捞出来。

11

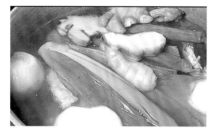

捞出杂质，然后加入切好的长葱、姜片和洋葱炖煮。火候保持在能让锅中水稍微波动。至少炖煮 1 个小时。

12

煮好的鸡高汤。如果用于餐饮售卖，在营养时间内只需以最小火持续加热。不用过滤，使用时，每次取上方清透高汤部分使用即可。

13

图为已炖好的鸡汤。

鸡澄清汤 / 谷昇

鸡澄清汤是用 1 千克鸡骨兑上 4 升的清水，小火炖煮 3 个小时熬制而成，完全不添加任何香辛调料。

要制作大量的鸡澄清汤，且要缩短鸡高汤冷却时间，可以在鸡高汤中加入适量的冰，并且要在高汤温度不超过 55℃ 时将其加入，这样就能使用尚未完全冷却的高汤。过滤出鸡澄高汤的重点在于肉类在长时间炖煮下不会崩解。因此，一到肉质蛋白质凝固温度（60℃ 左右），鸡肉开始结块并附在锅底时，不要再搅拌。以免鸡肉分解使清汤变浑浊。

1

将香辛菜等切片或切碎。

2

蛋清打散。如蛋白比较浓稠，要使用打蛋器来打，使之充分搅拌均匀。

3

将鸡绞肉、香辛菜和打好的蛋清加入炖锅中并充分搅拌。使蛋清均匀分布在鸡绞肉上，并充分渗入鸡肉，然后搅拌均匀。

4

加入少量微温的鸡高汤。

5

充分搅拌。一边搅拌，一边加入少量的鸡高汤，这一步的重点在于要充分搅拌。

6

混合搅拌至一定程度后，将剩余的高汤全部倒入。

7

图为加入全部高汤的状态。

8

开火加热。为了避免粘锅，需一边用大勺在锅底搅动，一边加热。

9

大约 60℃ 时，蛋白质开始凝固，结块的鸡绞肉与木匙碰撞后会发出声音。可伸入手指去确认温度。

10

为了让鸡绞肉能够持续结块，这时不要再搅拌。即使鸡绞肉变得松散或附着在锅底也不要再搅散，让它静置于锅底即可。

11

为了避免未附在锅底的鸡绞肉粘在锅的内壁，要以木匙将它拨除。

沸腾后 3~5 分钟，无须将火调小，持续加热，直至鸡绞肉完全聚集结块。

以汤匙等工具将汤表面轻轻地拨开，在正中间打开一个洞。绞肉表面最好呈颗粒状，若绞肉的表面看起来仍很有光泽就可以过滤了。取得的澄清汤经过 2 ~ 3 天后还是会变得浑浊。

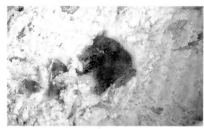

如果从中间空洞所能看到的鸡澄清汤色泽是透明的，则将火调至锅中水面保持微微沸腾的程度。炖煮 3~4 个小时。

图为已炖煮好的状态。经过 3 小时的炖煮，胶质已完全释放出来了。

过滤时，在容器铺上数张料理纸，上方再重叠加上碎黑胡椒粒过滤。

轻轻地将鸡澄清汤倒入网内过滤，如此一来便可得胡椒香味而无胡椒辛辣味。

图片为炖好的鸡澄清汤。

第2章

鸡肉的基本料理方法

本章将以分切方式和料理事前处理的基本技术为
基础，介绍日式、西式、中式的鸡肉料理法。

通过介绍鸡肉基本料理的做法，让各位读者熟悉
鸡肉各部位的特征、加热方式及火力调整等。虽然按
照不同类别，鸡肉的事前处理、调味方式有所不同，
但每一种方式都能让鸡肉吃起来更加美味。

＊第2、3章中，炸物用油或中式料理炒物用油如无特
别指定，材料栏内会予以省略。

日式料理

鸡串烧烤

　　鸡串烧烤是鸡肉料理中的代表性料理。直接以炭火烧烤鸡的各个部位，并且只佐以盐或酱汁食用，是一道非常简单的料理。食材好，美味自然来，因此熟悉鸡肉的特性是关键。知己知彼才能挑出好食材，做出独特的美味佳肴。

　　烤出外观好看且均匀的鸡串烧烤，特别讲究鸡肉的切法及串法。即使在同一间店的同一种肉，若以不同的方式烧烤，串烧的口味或许会有天差地别。烧烤技术就是如此地微妙。烧烤的学问实在难以用图片或言语文字适当地表达出来（具体操作方法请参考第 57 页）。

鸡肉切法及串法

串烧烤制作时的共同要点列举如下：

(1) 为了能在烤台上平稳地放置烧烤，要使鸡肉上方呈水平状态再以竹签刺串；

(2) 统一鸡肉的厚度及大小，让其在烧烤时能平均受热；

(3) 为了快速美观，且容易放上烤台，串烧形状要整理成长方形，串烧竹签的前端要稍稍尖锐一些。

【鸡肉串】

鸡腿肉与鸡胸肉的组合烤串。

3

每隔3厘米逆纹切（菜刀与鸡肉纤维垂直）并切块。

7

分切好的鸡肉。

4

分切成3厘米宽的块。

8

串起鸡肉。首先以与鸡肉纤维垂直状态串起鸡胸肉，接着以与鸡肉纤维垂直状态串起鸡腿肉。鸡胸肉1块、鸡腿肉2块。

1

准备鸡腿肉和鸡胸肉。

5

鸡胸肉同样每隔3厘米逆纹切块。

9

串串制作完成。鸡肉上方呈水平状态。如果用竹签刺串，这样可平衡地放置在烤台上烧烤。

2

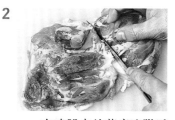

在鸡腿肉关节痕迹附近将其一分为二。

6

再每隔1厘米距离切成小块。

【鸡柳串】

使用位于鸡胸肉内侧柔软的鸡柳。以盐调味，味道相当清爽。

1

鸡柳。

2

沿着鸡柳中间的粗筋，逆刀薄切去筋。

3

将筋拉起切除。

4

分切鸡柳。

5

在鸡柳厚度一半处插入竹签，一串 3~4 块。将鸡柳一块块交互串起，最后形成长方形。

6

鸡柳串。统一鸡肉的厚度，使鸡肉上方呈水平状态，用竹签刺串，这样可平衡地放置在烤台上烧烤。

【鸡翅串】

使用鸡翅中。由于鸡翅大小有所不同，串之前若先依大小分类完成，串起来更加容易些。

1

鸡翅内侧朝上摆放，关节隆起的稍上方处为切入点，以菜刀切入。由此将鸡翅尖切除。

2

沿着鸡翅中较细的桡骨，以菜刀切入内侧。

3

图为切开的状态。

4

菜刀沿着较粗的尺骨外侧切入，将鸡翅肉切开。

5

切开的鸡翅中。

6

用竹签从两根骨头下方穿过串起。

7

鸡翅串，一串 2 个，依鸡翅大小组合串好。

8

图为已经串好的鸡翅串。

【鸡翅皮串】

鸡翅尖前端部分，没有鸡肉、只有许多鸡皮。鸡翅皮串使用此部位鸡皮所制作而成的串串。

1

捏起鸡翅尖前端的鸡皮，用菜刀切出。

2

取下鸡皮，剩余部分可使用于制作高汤。

3

鸡皮上可能会残留细毛，要仔细地拔除干净。

4

首先以竹签穿过鸡翅尖较细较薄的部分。

5

将鸡皮对折，用竹签穿过较厚的部分。

6

为了串成长方形，要将鸡皮左右交叠，串起五份鸡翅尖的皮。

【鸡肉丸串】

鸡绞肉综合使用了碎肉、鸡腿肉、鸡胸肉等所有部位的鸡肉。每 2.8 千克的鸡绞肉搭配鸡蛋 2 个，依口味添加少量盐、酱油和粗胡椒粒。

1

绞过一次的鸡肉加入鸡蛋、胡椒粒、盐及酱油。

2

以手抓的方式充分搅拌均匀。搅拌后放置约 20 分钟，让绞肉充分融合，使之后的步骤更容易操作。

3

取适量鸡绞肉，以单手挤捏的方式捏成每个 20 克左右的鸡肉丸。

4

在砧板上铺上保鲜膜，将鸡肉丸紧密地排列在上面。

5

在双手表面涂上油，将鸡肉丸搓圆、去除空气并整理外形，也可在此步骤微调鸡肉丸大小。

6

平底锅内淋油并加热后，暂时将锅自火源移开，将第5步骤的鸡肉丸排列在锅内，再以中火加热。

7

一边加热、一边摇晃平底锅以避免烧焦；然后将鸡肉丸翻面，翻面时要将锅自火源移开；完成后再回到火源处加热，同样要摇晃锅，只加热鸡肉丸的表面，这时鸡肉丸内部还是生的。

8

在鸡肉丸的正中间处用竹签串刺，一串3颗。保存在冰箱冷藏层中。

【鸡皮串】

剥除鸡头、鸡胸、鸡腿肉等部位的鸡皮，以热水氽烫后串起。可以适当去除鸡皮的油脂，这样烧烤时可减少油烟的产生。

1

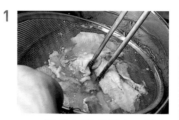

将鸡皮置于筛中，放入沸腾的滚水氽烫。

2

滤掉热水再以清水清洗。

3

氽烫好的鸡皮。

4

整理鸡皮外形，然后准备切段。

5

分切成4厘米长的段。

6

以如同缝鸡皮的方式进行串刺。开始及最后串刺处为串串的两端，要取较小块的鸡皮串刺。

7

要先考虑到串串整体的形状再开始串串。

【鸡颈肉串】

鸡颈肉为鸡脖子部位的肉。由于是常常运动的部位，因此口感极佳。

1

将鸡颈肉分切为 4 厘米长的段。

2

分切好的鸡颈肉。

3

将鸡颈肉弯曲对折串刺。

4

竹签与鸡颈肉纤维呈垂直角度串入。

5

统一整理厚度和外形。一串约使用一只鸡的鸡颈肉分量。

【鸡屁股串】

使用鸡的三角形尾骨部分的串烧烤。由于其内含脂肪量多的皮脂腺，要将其去除后再使用。

1

将要使用的鸡屁股切成三角形。

2

如果残留鸡毛，要将鸡毛拔除干净。

3

将鸡屁股上方称为皮脂腺的脂肪部位切除。

4

右侧为皮脂腺。如不切除皮脂腺会留有过多脂肪导致口感油腻，因此要将其切除。

5

在骨头两侧各划下切口。

6

由两侧切口处将肉切开，如同由中间向两侧开启左右两扇门窗一样。

7

图为切开后的状态。

8

内部也有鸡毛，需拔除干净。

9

切除突出的骨头。

10

如图所示切开（外侧与内侧）。

11

　　将切开侧向上摆放，以竹签从一端以缝补方式刺入，穿过骨头下方再继续串刺。

12

　　左右侧交错串刺以统一外形，一串使用两块鸡屁股。图片显示的是烧串的两侧。

【横膈膜＊串】

　　使用鸡脊椎骨后方薄薄的肉。由于比较清淡，为了加强其味道一般会夹杂鸡皮串刺。

1

　　使用一只鸡可切出的两片薄肉膜和鸡皮。分切成适当的大小。

2

　　不要露出肉膜的下端，将肉膜往内卷并串起。

3

　　左右折叠以缝补方式串入。

4

　　按肉膜、鸡皮，再肉膜、鸡皮交错的顺序串起。

＊横膈膜（はらみ）：在日本，无论牛、猪或鸡肉串皆有（はらみ）此道料理，但牛肉出现频率较高，而烧烤店多将（はらみ）译作横膈膜串，亦是因为牛肉部位的缘故；但其实鸡并无横膈膜，所利用的部位是包覆着鸡的胸腹腔、约5厘米的薄肉膜。为能比照市面商品，故仍译为横膈膜串。

【膝软骨串】

　　使用鸡腿关节软骨及筋的部位。软骨与肉的口感差异，依照个人爱好可变化组合一下。

1

　　将鸡腿肉对半切开。

2

　　切取残留在关节的软骨及筋，使用此部分。

3

　　取下的膝软骨。

4

　　用菜刀（近刀柄处）轻敲并划上切口，这样比较容易入口。

5

竹签从一端开始以缝补方式刺入。

6

左右侧交错地串入，统一整理使外形均匀。一串使用2块膝软骨。

【胸软骨串】

使用由胸骨取出、三角形的软骨部位。

1

将两端较硬的软骨部分切除。

2

将白色面（底面）朝下，以竹签刺入软骨的突起部位与底面交接处。

3

统一整理烤串外形。图片分别为胸软骨串的表面及底面。一串使用5块软骨。

【鸡肝串】

使用鸡的肝脏部位，在最顶端使用1颗鸡心。由于鸡肝不适合反复串刺，所以最好一次完成。

1

从内脏分切出来的鸡肝和鸡心。

2

将鸡心自鸡肝分切出来。

3

切除鸡心的连结根部，剥除周围的薄膜。

4

对半切开鸡心。

5

将鸡肝对半切开。

6

将鸡肝切为易串的大小。这里将一般的鸡肝再分切成5块。

7

切块完成的鸡肝。一串使用3小块鸡肝和半个鸡心。

8

开始串入鸡肝，将鸡肝切面朝向两侧、平滑面朝上串入。

9

最顶端串上半个鸡心。图片分别为鸡肝串表面（左侧）及底面（右侧）。

2

从鸡心正中间、厚度约一半处以竹签串入。

3

鸡心根部统朝向左。

2

一边整理薄膜，一边以竹签串入鸡心根部。

3

一串使用6份的鸡心根部（6颗鸡心的分量），整理好串烧外形。

【鸡上心串】

使用制作鸡心串时所切出的鸡心连结根部及薄膜。由于原料形状不易整理，需一边塑形，一边串入。

【鸡心串】

使用鸡的心脏部位。其口感十分富有弹性，通常会对半切开使用。

【鸡肾串】

使用连于脊椎骨的肾脏部位。若连有精巢则无须切除，可一起串为鸡肾串。

1

切开鸡心的连结根部，纵向对半剖开。

1

从鸡心分切出来的连结根部。

1

将鸡肾纵向对半剖开。

2

分切好的鸡肾。右侧为连有精巢的鸡肾。

3

一边整理外形，一边以竹签串入。

4

精巢也一并串入，并保持其外形和厚度。一串使用一只鸡的鸡肾分量。

【鸡食管串】

将鸡食管适当地切除脂肪后使用。一边用竹签穿过脂肪，一边整理外形串入。

1

从鸡内脏分切出的食管。

2

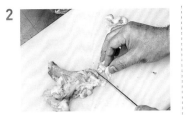

适度地切除脂肪。

3

分切为3厘米长的段。

4

竹签与食管呈垂直角度串入。适当地以竹签穿过食管周围脂肪。

5

统一整理厚度及外形。一串使用一只鸡的食管分量。

【鸡胗串】

切开鸡胗的骆驼驼峰样的部位，非常有嚼劲。为了让串表面保持水平，要适当调整外形，并以倾斜角度串入。

1

从鸡胗如同骆驼驼峰的部位处对半切开，串入时将此横切面串于表面。

2

用菜刀切除鸡胗侧边的薄膜（银皮）。

3

将中间部分的鸡胗侧翻出内侧，切除银皮。

4

中间部分可取得两块鸡胗。

5

剥除银皮、清理完成的鸡胗。

6

首先将鸡胗一端折起、切面（较平整面）向上并从鸡胗正中间位置用竹签穿过。

7

从第2块开始，以稍微倾斜的角度串入，让鸡胗块之间能互相贴拢，且切面能保持水平。

8

左右侧交错串入。

9

如鸡胗一端较长，可将其折起串入，统一整理串串外形，不让边端超出一定范围。一串使用5块鸡胗，最顶端一块，要保持水平串入。

鸡串烧烤法

用语言文字说明烧烤的方法非常困难。烧烤者的技术或经验不同，烧烤时的感觉差异也非常大。让我们来听听从站上烤台到烧烤串烧完成时的各种经验分享。

虽然烧烤前总以最完美的烧烤为目标，但由于炭火差异、肉质状态不同、非固定单一烧烤者等因素，对店家而言，要求绝对同样的结果是非常困难的。因此，我会确立一个固定标准范围，以此指导店内人员达到在此标准内的烧烤品质。

站上烤台后，首先要确认是否正确地生起了炭火，然后将串排上烤台烧烤，在肉色转白之前翻面、改为串串底侧朝上，同样在肉色转白前再次翻面，之后一边频繁地翻面，一边烧烤。重点在于串烧两面都能均等地受炭火直烤，仅单面烤得好是不行的。串串上侧轻烤一下翻面，轻烤底侧后再翻面；直至烤到上侧的表面肉色变白之前、再烤底侧肉让其肉色保持变白状态，让串串的上下两面以同样火力大小反复地烤。

炭火过大时，可依靠扇扇子来调整温度，不可将炭火转小。我认为炭火应一直保持大火状态。

当串两侧烤至约两分熟的程度时，将串浸入酱汁，然后再频繁地翻面、均等地受热烧烤；当酱汁逐渐收干、接近六分熟的程度时，再一次浸入酱汁，之后一边翻面、一边均等地烤。在炭烤的过程中，肉的温度会突然上升，同时也会快速地变成焦糖色。

串串变轻、鸡肉实打实地上了焦糖色后，最后再浸一次酱汁，呈给客人或者自己享用。

烤串最重要的是，从开始到最后，都要保持鸡肉表面那种因肉汁而发亮的状态，让肉汁干掉是不行的。烤串的生命就是多汁的鸡肉和看起来美味的焦糖色。

【鸡烤串——盐烤】

盐味串烤的重点在于调整盐的用量。鸡肉较厚的烤串或者像鸡胗等嚼劲较强的部位和脂肪较多的部位都可以多加点盐。在烧烤的时候，要不停地翻面、变换位置才能烤出让人欲罢不能的美味烤串。

鸡皮部位脂肪较多，烧烤的秘诀在于在鸡皮上涂酒、淋酱油，这样能将鸡皮烤得香脆不油腻。而鸡柳则是先清烤表面，然后涂上山葵泥再食用，美味极了。虽然都是盐味烤串，为了让不同部位的美味精华发挥出来，烧烤方式截然不同。

1

将盐轻撒在烤串的两面。

2

肉质比较厚的烤串撒上较多的盐。另外像鸡胗等嚼劲十足的部位、脂肪较多的烤串也撒上较多的盐。

3

在肉色尚未变白前，频繁地翻面烤。

4

一边变换烤串的位置，一边频繁地翻面。

5

由于鸡皮部位脂肪较多，故要在鸡皮部分刷上酒。

6

最后淋上酱油，增添香气，炭烤至香脆。

【鸡烤串——酱烤】

不同餐厅在酱汁调配或使用方法上有所不同。"鸟良"的酱汁烤串是浸入两次酱汁后烧烤。端上桌前再浸蘸一次酱汁后再食用。由于酱汁含有浓味酱油、味淋、粗砂糖，十分容易烤焦，浸过酱汁后的烤串要特别频繁地翻面烧烤。

酱汁调配方法：煮沸浓味酱油混合味淋（量的比例为1:1），并使用粗砂糖调整甜味。准备好酱汁，一边使用，一边每隔10天补足所减少的分量。这是属于比较清爽的酱汁。

1

频繁地翻面、让烤串两侧都能均匀地受到炭火烧烤，烤至两分熟的程度。

2

浸入烤台旁的酱汁罐，再回到烤台继续炭烤。

3

烤至6分熟左右，再刷一遍酱汁。

4

继续烤，直至烤串上了色，呈现焦糖色，最后再蘸一次酱汁即可食用。

炭火堆叠法和升级法

　　烤串最适合的燃料就是木炭。炭火能长时间保持高温状态，又能增添烤串的香味。可以乌冈栎木作为备用长炭。由于火力强又能长时间维持，深受大家喜爱。

1

将烤台清洗干净。

2

　　最下面铺上新的备用长炭，由于作为基底，故要尽可能平整地排放。

3

　　为了能长时间燃烧，炭的排列要保持紧密、没有空隙。

4

　　第二层则以炭覆盖住基底炭木的接缝处并平整地排放。由于空隙会让火焰直接冲上来，所以接缝各处都要以细小的炭木塞满空隙。

5

　　以煤气烧红昨日剩余炭火（细丸炭部分）后，放入备用长炭上方，约3个小时可达到本图片状态。

6

　　最上方放上昨日烧剩的备用长炭，堆叠完成。

7

　　炭火升级为强火，这是最佳的状态。

　　用乌冈栎木制作而成的纪州长炭，是用高温烧原材料乌冈栎木所制成的白炭。乌冈栎木数量多且自然生长在日本纪州（和歌山县），因其发源地而闻名。纪州长炭被认为是最高级的长炭。

　　中国产的细丸炭。它是一种直径为2厘米以下、较细的炭木。容易燃火，常用来生火。

鸡肉火锅

鸡肉火锅能同时享用鸡翅根肉和鸡胸肉两种美味，薄切片的鸡胸肉以轻涮方式快速地烫过后食用最佳。鸡肉火锅汤底使用日式鸡骨高汤，香辛佐料使用辣椒拌白萝卜泥、青葱、柑橘醋。

3 人份
· 鸡翅根……5 ~ 6 个
· 鸡胸肉……70 克
· 烤过的大葱……适量
· 青葱……适量
· 蟹味菇（鸿喜菇）……适量
· 豆皮包……3 个（炸油豆腐皮内填入麻薯）
· 日式鸡骨高汤……适量（具体操作方法请参第 39 页）
· 香辛佐料……适量
· 辣椒拌白萝卜泥……适量
· 柑橘醋……适量

▲ 料理 / 猪股善人

1

用菜刀在近底部处敲切鸡翅根骨头。

2

分切成两块的鸡翅根，放入鸡骨高汤烹煮。

3

鸡胸肉部分，斜斜地薄切且切断鸡肉纤维。

4

将鸡骨高汤倒入锅中，放入鸡翅根，以开火加热的状态上桌。准备好鸡胸肉、烤大葱、青葱、蔬菜、蟹味菇、豆皮包、各类佐料等，分别盛盘上桌。

亲子丼饭

这道料理由于是在吃完鸡烤串后提供的一道餐点，所以分量较小，在日本，它以较小的容器满满地盛装呈给客人。使用鸡腿肉和柔滑黏稠的鸡蛋混合液烹饪，其美味与否的重点在于鸡肉与鸡蛋的烹饪程度。

◀ 料理 / 猪股善人

- 鸡腿肉⋯⋯ 70 克
- 丼饭汤底⋯⋯ 适量（日本酒用杯 1 杯左右）

比例
- 日式鸡骨高汤⋯⋯ 1（具体操作方法请参考第 39 ～ 40 页）
- 浓味酱油⋯⋯ 0.5

- 味啉⋯⋯ 0.5

- 鸡蛋⋯⋯ 1 个
- 鸭儿芹（切断）⋯⋯ 适量
- 米饭⋯⋯ 适量

* 丼饭汤底：以上述比例将所有材料混合。

1

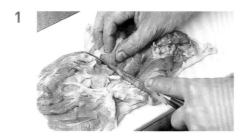

鸡腿肉对半切开。

2

按照如图所示，切成2厘米长的段。

3

继续切段。

4

一人份使用70克的鸡腿肉。

5

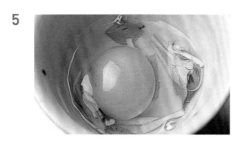

打蛋，并加入切断的鸭儿芹。倒入锅中的时机很重要，因此要放在锅边准备好。

6

将丼饭汤底放入锅中，放入鸡腿肉后开火加热。

7

盖上锅盖。

8

沸腾后，翻动鸡腿肉，再盖上锅盖继续烹煮。

9

鸡腿肉煮熟后，将鸡蛋液打散，加入锅中。

10

煮至和图片一样即可。再铺在米饭上，铺满后食用，香喷喷的。

鸡松丼饭

以鸡串烧烤的酱汁煎煮混合各部位碎肉制作成的鸡松，再将鸡松放在米饭上。这是一道简易料理，其分量较小。

- 鸡绞肉……60 克
- 鸡串烧酱汁……15 毫升

比例
- 老抽……1
- 味啉……1
- 粗砂糖……依口味喜好

- 海苔丝……适量
- 米饭……适量

▲ 料理 / 猪股善人

1

将鸡绞肉和鸡串烧酱汁加入锅中，开火加热。

2

一边用筷子搅拌避免鸡绞肉结块，一边煎煮。

3

水分煮干、鸡绞肉煮熟后即可。

4

盛米饭，满满地铺上海苔丝。将步骤 3 的鸡松漂亮地盛放在米饭上。

鸡汤

　　使用熬煮 8 小时所萃取的鸡骨高汤，拥有浓厚的美味。在吃完烤串之后呈上，是相当受欢迎的一道料理。滚烫的热度，给客人一份醇厚的美味。

▲ 料理 / 猪股善人

・日式鸡骨高汤……90 毫升（具体操作方法请参考第 39 ~ 40 页）
・盐……少量
・葱白丝……少量

1

将要使用的日式鸡骨高汤分锅开火加热，加盐调味。

2

在碗中放入葱白丝，倒入调好的鸡汤。

鸡腿肉幽庵烧

　　鸡腿肉有粗筋贯通，因此先要将筋切除；另外，由于鸡腿属于慢熟部位，若没有将鸡肉较厚的部分先切薄，鸡肉容易因浸沾了酱汁而在烤熟前烧焦；并且，要用竹签在鸡皮上刺洞，烧烤时鸡皮才不会缩小，反而会烤得脆脆的，并能令肉质保持软嫩。

◀ 料理 / 猪股善人

· 鸡腿肉……1 块

幽庵地酱汁
· 日式老抽……1
· 煮沸的味啉……1
· 煮沸的酒……1

· 西蓝花……适量
· 豌豆角……适量
· 青豆……适量
· 花椒嫩叶……适量

* 煮沸的味啉和酒：
　　开火分别煮沸味啉和酒，使酒精挥发，浓缩其精华美味。
* 幽庵酱汁
　　是调和了日式老抽、酒、味啉的调味酱汁，常用于日本料理，创始人是江户时代的茶道家北村幽庵。

1

切除附在鸡腿肉上的脂肪，附在鸡皮上的脂肪则可直接保留。

2

用菜刀刀尖切断白色粗筋。由于关节周围的筋很硬，故要事先去除。

3

为了统一鸡腿肉厚度，要先将较厚的部分切开。

4

以数支钢签集成束，在鸡皮各处刺上许多小洞，这样更容易烤熟，而且鸡皮也不会缩小。

5

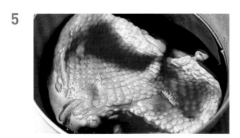

将鸡腿肉浸泡在足量的幽庵地酱汁中，15分钟后再翻面。

6

30分钟过后，用湿布轻压去除水分。

7

将鸡腿肉串起。从鸡腿肉厚度的正中间开始，串成扇形。

8

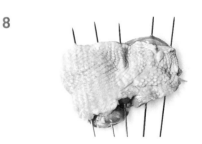

请留意钢签不要穿过鸡皮，要牢牢地穿过鸡腿肉。

9

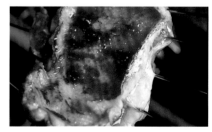

以烤箱上火烧烤鸡皮，由于容易烤焦，故需保持远火并反复翻面烧烤。图片为烧烤完成的状态。将鸡腿肉切成适当大小后，佐以西蓝花、豌豆角，撒上青豆，最上方放上花椒嫩叶即可。

水煮鸡

水煮鸡是以清爽调味的鸡高汤汆烫来引出鸡肉美味的。由于鸡胸肉属于容易干涩的部位，因此不要过度加热。先将鸡肉自热汤中取出，然后再浸泡在冷却的高汤中，让它慢慢入味，这样制作完成的鸡肉湿润、柔软且多汁。

◀ 料理 / 猪股善人

- 鸡胸肉……2 块
- 日本酒……0.5
- 橄榄油……100 毫升
- 醋…… 1/3 小杯

比例
- 鸡高汤……8（具体操作方法请参考第 70 页）
- 日式淡口酱油……1
- 味啉……1
- 盐……少量

- 舞茸……50 克
- 高汤……适量
- 胡萝卜丝……适量
- 小黄瓜丝……适量
- 蛋黄味噌油醋酱……适量
- 蛋黄味噌……1 大匙

- 盐…… 1/3 小匙
- 胡椒……少许

- 碎花椒嫩叶……适量

* 高汤由鸡汤加上盐、日式淡口酱油调味而成；舞茸以高汤先稍微氽烫后作准备。
* 胡萝卜及小黄瓜：切细丝放入冷水中保存准备。

* 蛋黄味噌油醋酱：
　　　以油醋酱汁搅拌蛋黄味噌而成。
　　　蛋黄味噌由味噌加上蛋黄、日本酒、味啉，以小火加热而成。
　　　油醋酱汁以混合橄榄油、醋、盐及胡椒制作而成。

1

　　将数支钢签集成束，在鸡胸皮各处刺洞，让其易入味。

2

　　关节周围的筋很硬，要事先去除，并在鸡胸肉上划刀。

3

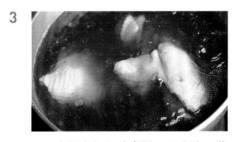

　　在锅中加入鸡高汤、日式淡口酱油、味啉、盐、日本酒后加热，沸腾后放入鸡胸肉氽烫约5分钟。

4

　　氽烫鸡胸肉至约8分熟后，以手指测试，以鸡胸肉内部留有一点弹性为标准。若完全煮熟，鸡胸肉会变得干涩。

5

　　将冰块放入水中冷却后取出。将烫煮的汤汁放入冰块水中冷却。

6

　　将鸡胸肉放回冷却后的烫煮的汤汁，放置30分钟至1小时。

7

　　鸡胸肉浸至入味后取出，用干布去除汤汁水分。

8

　　鸡皮侧向上，切5毫米厚度。先放入舞茸，上方放水煮鸡，再满满盛上胡萝卜丝、小黄瓜丝，最上面淋上蛋黄味噌油醋酱汁，再撒上嫩嫩的碎花椒叶即可。

半熟炙鸡拌山葵酱油

由于鸡柳与鸡胸肉一样，如果加热至全熟，肉质就会变干涩，所以只能氽烫表面，保持中间半熟状态。正统做法在此要加上山葵酱油，但也可以搭配芥子酱油或醋酱油等酱汁。

▼ 料理 / 江崎新太郎

- 鸡柳 ……200 克
- 香菇、鸭儿芹、笔头菜各适量

酱汁
- 高汤 ……200 毫升
- 盐 ……1/3 小匙
- 日式淡口酱油 ……5 毫升
- 山葵酱油 ……适量

比例
- 高汤 ……2
- 浓味酱油 ……1
- 山葵泥依口味喜好加入

- 香菇、鸭儿芹、笔头菜：以沸水稍微氽烫，然后滤去水分。分别浸泡在酱汁中。酱汁为综合所列材料，煮沸后冷却。

- 山葵酱油：依所列比例，调和所有材料制作而成。

5

为了不让鸡柳过熟，要立即将鸡柳放入带有冰块的水中冷却。

6

鸡柳有切口处朝下摆放，铺放在竹筛上，让水分自然散发。

1

从鸡柳中央划一浅刀。

2

从切口处将鸡柳切开，不切除鸡柳筋亦可；若鸡柳比较厚实，则需要在切口处继续切，使肉身更薄。

3

将鸡柳放入沸水中，一边翻面一边让沸水烫熟鸡肉。

4

当鸡柳表面全部变白，肉身看起来透出淡粉色时即可取出。

7

将鸡柳切成薄片（接近将肉纤维完全切断的状态）。然后将香菇切薄片、鸭儿芹切碎，与鸡柳片一起加入山葵酱油搅拌。最上方再放上笔头菜点缀即可。

鸡肉丸汤与照烧鸡肉丸

鸡绞肉由等量的鸡胸肉及鸡腿肉混合而成。照烧鸡肉丸吃起来较硬，汤品中的鸡肉丸则因加了高汤能调整其柔软度；油炸鸡肉丸时，要让肉丸呈现中间松软、表面酥脆的状态，这样可以享受到不同的口感。

▼ 料理 / 江崎新太郎

鸡肉丸
· 鸡胸肉 ……250 克
· 鸡腿肉 ……250 克
· 鸡蛋 ……1/2 个
· 日本酒 ……45 毫升
· 马铃薯淀粉 ……2 大匙
· 盐 ……少许
· 日式淡口酱油 ……5 毫升
· 姜汁 ……5 毫升

汤品
· 鸡肉丸 ……250 克
· 葱佐料（切碎）……15 克
· 鸡高汤 ……350 毫升
· 香菇、豌豆荚、胡萝卜丝各适量

照烧
· 鸡肉丸 ……250 克
· 葱佐料（切碎）……20 克
· 鸡高汤 ……适量
· 生榨麻油 ……适量

酱汁
· 浓味酱油 ……50 毫升
· 味啉 ……50 毫升
· 日本酒 ……50 毫升
· 砂糖 ……1 小匙
· 山葵酱油（比例）
　高汤 ……2
　浓味酱油 ……1
· 山葵泥依口味喜好加入
· 秋葵、柚子皮丝各适量

* 鸡高汤：将骨头、鸡肉、芹菜、洋葱、长葱、胡萝卜放入水中以大火加热，沸腾后捞出杂质，再用小火熬煮 1 个小时后取清汤即可。
* 马铃薯淀粉：原是使用片栗植物制作而成，但现今多是以马铃薯制作而成。
* 葱佐料：将葱白部分切碎后，放入筛中用清水冲洗去除其辛辣味，作为佐料使用。
* 柚子皮丝：将柚子表面洗净后剥皮，去除内侧白色苦味部分后切丝使用，能增加食物香味和色彩。

【鸡肉丸汤】

1

　　混合等量的鸡胸肉与鸡腿肉，这样调配出来的味道才不会过于浓厚或清淡。

2

　　用食物搅拌机搅拌后，再放入研钵研磨。

3

　　加入鸡蛋充分搅拌，搅拌至没有结块时，加入日本酒继续搅拌。

4

　　加入马铃薯淀粉以增加黏稠度，再放入盐、日式淡口酱油和姜汁进行调味。

5

　　照烧料理和汤共同使用的鸡肉丸已准备完成。

6

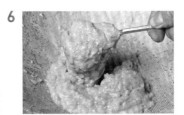

　　将备好的鸡肉丸分次少量地加入 60 毫升的鸡高汤，让鸡肉丸变得较为柔软。如果一下子将高汤全部加入，绞肉整体的肉质会过于紧实，因此要一边调整，一边分次少量加入。

7

　　加入葱佐料并充分混合搅拌。

8

　　加热煮沸 350 毫升的鸡高汤，将鸡肉丸搓圆（每个约为 60 克）后放入高汤。

9

　　火力保持在鸡肉丸不会沸腾的状态，熬煮 6 分钟左右。

10

　　盖上料理纸，让鸡肉丸在锅中冷却并吸取高汤美味。

11

　　待高汤变凉后滤去杂质，准备完成。

12

　　上桌时，往温热高汤内撒盐调味，与温鸡肉丸装入碗中。将高汤炖煮过的香菇、豌豆荚一起盛入碗中，最上方放上胡萝卜丝点缀。

【照烧鸡肉丸】

1

　　使用本页做好的鸡肉丸（鸡肉丸汤步骤 1~5），加入葱佐料，充分混合搅拌。

2

　　在鸡高汤中加入 3 成水，稀释后煮沸。用手握捏做成鸡肉丸（每个约 60 克）。

3

以步骤7煮沸的鸡高汤水煮鸡肉丸。火力保持在冒泡状态，煮约6分钟，关火冷却。

4

平底锅内倒入生榨麻油加热，将煮过的鸡肉丸放入锅内，滚动鸡肉丸将丸子全部煎出漂亮的焦糖色。

5

准备上桌时，将鸡肉丸放入锅中，加入酱汁后，开大火加热。

6

沸腾后，摇一摇锅，让鸡肉丸充分裹上酱汁。

7

调为小火、盖上料理纸，继续熬煮使酱汁收干；或继续以大火加热，一边搅动酱汁、一边煮至酱汁收干。

8

图为熬煮完成后的照烧鸡肉丸。盛装入盘中，加入余烫过的秋葵，撒上柚子皮丝装饰，美味精致的照烧鸡肉丸就大功告成了。

▼ 料理 / 江崎新太郎

白萝卜炖鸡翅

鸡翅是比较难以入味的部位，故要先在鸡皮上刺洞让其容易入味。另外，由于鸡翅是含有骨头的部位，而鸡骨会释放出精华，最好先用菜刀从内侧切开关节或骨头的周围，这样也比较容易煮熟；先煎烤鸡翅，可以避免炖煮时皮破或变形。

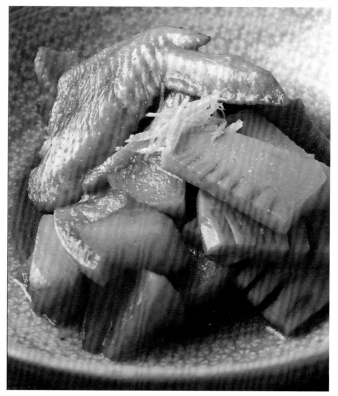

- 鸡翅……400 克
- 白萝卜（切块）……300 克
- 竹笋（切薄）……200 克
- 生榨麻油……适量
- 卤汁……适量

比例
- 荞麦面汁……7
- 高汤……5
- 日式淡口酱油……1
- 味啉……1
- 日本酒……2
- 砂糖……0.3

- 柚子皮丝……适量

1

　仔细将鸡翅残留的细毛拔除。

2

　由于鸡翅难以入味，而鸡骨会释放精华美味，因此要先将内侧关节划上切口，小心不要切断了。

3

　为了让其容易熬煮入味，在鸡翅中里的两根骨头间也划上切口。

4

　以数根钢签集成串在鸡皮各处刺洞，以便熬煮时汤汁会容易入味。

5

　在平底锅内倒入生榨麻油加热，煎烤处理过的鸡翅表皮，火力维持在中火状态。

6

　煎烤鸡翅至如图片般淡淡的茶色且外皮脆脆的，然后用料理纸去除多余的油脂。

7

　将鸡翅、白萝卜、余烫过的竹笋放入锅中，倒入略盖过材料的卤汁后，放上锅盖以大火加热。

8

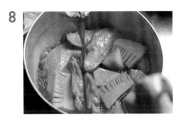

　沸腾后转中火继续煮，水分减少后再转小火并搅动汤汁。煮至白萝卜变软后，盛装至容器内并撒上柚子皮丝。

▼ 料理 / 江崎新太郎

卤鸡肝

　鸡肝是内脏中最难加热的部位，要将鸡肝煮得柔软，必须先将综合调味高汤煮沸后放入鸡肝稍微加热，汤汁水分变少后，浸泡于汤汁内使其入味，但不能长时间炖煮，否则会影响成菜的风味。

· 鸡肝……280 克

综合调味高汤
· 鸡高汤……100 毫升（具体
  操作方法请参考 P70 页）
· 日本酒……300 毫升
· 味啉……30 毫升
· 砂糖……1 大匙

· 浓味酱油……45 毫升
· 长葱（切段）……1 根
· 姜（切丝）……2 块
· 半熟蛋黄……2 个
· 葱白丝……适量

最后放入的蛋黄，是水煮蛋在
快煮至全熟之前的蛋黄。

1

对半切开鸡肝。

2

在鸡肝表面浅浅地划上
数刀，去除筋。

3

图为去筋后的鸡肝。

4

用流动的清水冲洗，去
除残血。

5

剥除表面的薄膜。

6

用干布去除水分。如果
使用拧干的布巾，会容易染
上鸡肝血而无法洗掉。

7

将综合调味高汤倒入锅
中，开火加热。

8

高汤沸腾后，加入鸡肝。

9

加入葱段、姜丝后，盖
上锅盖，用中火炖煮。

10

炖煮中如有杂质浮出，
随时捞出。

11

高汤汤汁煮干后，加入
蛋黄。盛装至容器内，放上
葱白丝即可。

西式料理

烤鸡

　　将香草或大米等物填入已处理内脏的生鸡内，用线缝合切口，不仅让生鸡外形美观，吃起来也更
有食欲。虽然这里介绍的是用迷迭香和大蒜进行填充的料理方法，其实也可以不在生鸡体内填充配料
进行煎炸，作为"懒癌患者"的你也可以尝试这种方法。只需在撒盐之前先将生鸡放入开水中过一遍
水，让鸡皮表面舒张，煎炸时就会呈现出非常好看的色泽。若是使用平底锅烹调，再也不用担心鸡皮
表面会被煎坏，只管用大火煎炸，这就是秘诀。注意鸡腿部分由于比较难煎熟，需要多淋些油。

▼ 料理 / 谷昇

- 生鸡（去内脏）……1 只
- 迷迭香……适量
- 大蒜……1 头
- 盐……生鸡重量的 0.8%（10克左右）
- 纯净橄榄油……适量
- 黄油……30 克
- 薯条……适量
- 豆瓣菜……适量

＊ 用豆油代替纯净橄榄油也可以。

＊ 薯条：将去皮土豆切成火柴形状后晒干，再放入 170℃ 的热油中油炸。

关于撒盐那些事儿

无论使用哪个品种的鸡，若是在刚撒下盐之后就立即开始煎炸，附着在生鸡表面上的盐粒都会被煎焦，发出焦臭味。因此，在使用整鸡或油封鸡进行煎炸的情况下，最好在撒盐之后放置一晚；若是时间较紧或整只鸡已被切碎，则只需在撒盐后稍等片刻，让盐粒渗入鸡肉，鸡肉表面开始分泌出油脂后，就可以开始进行煎炸了。

需要注意的是，在进行煎炸前无论如何都不要擦掉鸡肉表面的油脂，因为其中蕴含丰富的蛋白质，在低温煎炸下会凝结成一层皮膜，可以保证鸡肉中的精华（肉汁）不流失。

【装入填充物后进行缝合】

1	2	3

剪掉鸡脚上最粗的筋，否则在烤制时鸡脚会伸直弹开，锁骨也要提前除去（具体操作方法请参考第 24 ~ 25页）	将大蒜横向切成两半，放入已装有油的平底锅中油炸。准备适量迷迭香，龙蒿亦可。	从鸡屁股处将大蒜塞到生鸡体内最深处，再填塞迷迭香。

4

最后将剩余的大蒜填塞进生鸡体内，用线将鸡屁股缝合（具体操作方法请参考第28~29页）。

5

在生鸡表面均匀撒盐，将生鸡在冰箱中放置一晚，直至鸡肉表面析出油脂，不要擦拭油脂直接煎炸。

【 煎炸表面 】

6

在平底锅中倒入纯净橄榄油，用大火烤炙生鸡表面。在生鸡完全受热前需用手翻动，将难以烤到的部位抵在平底锅锅底上进行烤制。待到生鸡受热温度逐渐上升后，一边调节火候大小，一边烤即可。

7

若生鸡撒盐后未放置一晚，则在烤制时要用勺子将掉落在油中被烤焦的盐粒挑出来，否则盐粒最后都会附着在鸡肉表面。

8

淋油以增添风味。

9

在不易烤熟的部分要多淋些油，注意鸡胸比鸡腿更容易烤熟，建议烤15分钟即可。

10

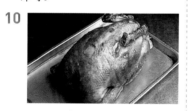

整鸡表面被烤熟的状态。

【 进行烤制 】

11

用烤炉分别在200℃下烘烤10分钟、180℃下烘烤30分钟，期间要注意淋油以及调整生鸡方向以确保各个部位都得到均匀烤炙，将温度控制在鸡肉表面发出"扑哧扑哧"声响的范围内最好。图为烤制后的鸡。

12

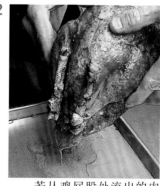

若从鸡屁股处流出的肉汁色泽透明，则说明已烤好，将烤鸡取出来放置10分钟即可；若肉汁色泽浑浊，则需要再烤一会儿。肉汁作为重要的调味酱汁，需要很小心地处理。烤鸡出炉后，最理想的放置时间应该与烤制时间一样久，若不放置一段时间直接切开，就会导致珍贵的肉汁四散流出。

【 切开 】

13

将缝合鸡屁股的线剪断并扯出。

14

将鸡胸朝上，用菜刀切开鸡腿周围的皮。

15

用菜刀沿着骨盆（坐骨）进行切割。

16

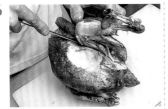

切开鸡腿外侧部分。

17

从鸡屁股方向下刀切开鸡腿。

18

从鸡腿根部关节处空隙朝脊骨方向切割。

19

从翅根肉的部位切下鸡腿，图中刀尖所指部位就是翅根肉。另一只鸡腿也按照同样方法切下。

20

从胸骨两侧下刀。

21

从右边切口处顺着鸡骨下刀，将鸡胸肉从鸡骨粘连处剔下。

22

从鸡翅根关节处下刀。

23

将鸡肉横向放倒，沿肩胛骨下刀。

24

左手拿着鸡肉，右手用刀切断肉筋。

25

切下鸡胸肉，另一侧鸡胸也按照同样方法切下。

26

切好的烤鸡，肉汁得到了完美保存。

【切开骨头】

27

切下鸡两侧肋骨。

28

用刀反向切下肩胛骨上的肉。

29

用手支起肩胛骨并切下。

30

用手支起鸡胸侧骨将其切成两半并切碎，用作调味酱汁材料。

【制作调味酱汁，完成料理】

31

将图 12 中的肉汁、切肉时流出的肉汁和切碎的鸡骨头一起放入锅中。

32

往锅中倒水，水量以浸过锅中鸡骨为准，再将之前填塞在鸡肚子里的大蒜一起放入锅中，随后开火。

33

将图12中残留在烤箱中的肉汁一起倒入锅内，用大火煮沸。

34

用漏勺过滤。

35

在平底锅中放入30克黄油并用火煎煮，制成液状黄油。

36

待锅中酱汁煮沸，将液状黄油倒入锅中搅拌。

37

乳化完成后，将切好的肉和薯条摆在一起，淋上酱汁，再摆上豆瓣菜。

鸡肉卷

　　将肉塞入鸡肉，继而卷起制作成鸡肉卷，炖煮至熟，其过程非常耗费时间。为了避免在炖煮过程中变形，要用布包起并以棉线像火腿般捆起，再以鸡肉高汤形式慢慢炖煮2个小时，注意不要煮滚。如果浸泡在高汤中放入冰箱冷藏，可保存1个星期左右。

料理/谷昇 ▶

- 全鸡……1 只（1.2 千克）
（去除鸡毛、鸡头及内脏）

填料
- 鸡绞肉……50 克
- 猪绞肉……50 克
- 鸡柳（切成 1 厘米大小）……50 克
- 鹅肝（切成 1.5 厘米大小）……125 克
- 烤松子……50 克
- 松露（切成 5 厘米大小）……20 克
- 盐……肉重量之 1.2%
- 胡椒……肉重量之 0.12%
- 香料粉……少许
- 奶油……适量

鸡肉高汤
- 鸡骨……1 千克
- 水……4 升

洋葱高汤
- 洋葱……4 个
- 水……400 毫升
- 橄榄油……50 毫升
- 维生素 C……少许
- 盐……适量
- 香菜……适量

- 西红柿……适量
- 西蓝花……适量
- 胡萝卜……适量
- 松露……适量

- 鸡肉高汤
　　将鸡骨加入水中后开火加热，沸腾后转小火熬煮约 3 个小时，熬煮时注意尽量不让高汤浑浊。不添加任何香辛菜或香料等。

- 洋葱高汤
　　将洋葱以外的材料放入锅中加热煮沸，煮沸后加入切条洋葱，再沸腾后关火，静置使其冷却。

- 维生素 C 是高效能的抗氧化剂，可防止食材变色。普通药店都能买到，液体和粉状均可。

【 分为均等厚度 】

1

　　去骨全鸡（具体操作方法请参考第 37~39 页）。将鸡腿骨切除。将鸡皮向下摆放，由鸡腿内侧沿着大腿骨切开鸡腿肉。

2
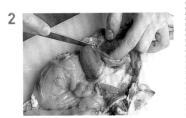
　　切至露出大腿骨，再切至露出与胫骨（接近鸡脚的脚骨）连接的关节。

3
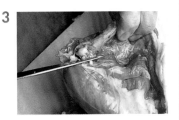
　　用菜刀切开关节周边的筋，将大腿骨从鸡腿肉中拉出。

4

　　干净地从骨头上削去鸡肉，无须切去鸡蚝，直接将骨头切除。

5

　　然后切除与大腿骨连接的胫骨。将鸡皮剥开，露出鸡肉，由鸡腿肉侧沿着胫骨将肉切开。

6

　　露出胫骨。

7

　　图片中的是与胫骨平行的细骨（腓骨），与胫骨一起切除。

8

　　用菜刀切开关节周围的筋，将骨头拉出。

9

　　切除胫骨。这样已完成鸡腿骨（2 根）的切除，另一侧的鸡腿也用同样方式去骨。

10

切除鸡翅骨。由鸡翅内侧用菜刀切开鸡皮，并用菜刀沿着鸡翅腿的骨头切入。

11

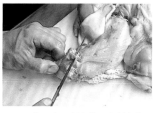

将鸡骨切露出来。

12

逆刀切开关节周围的筋。

13

注意骨头上不要残留鸡肉，将骨头切取出来。另一侧的鸡翅也用同样的方式去骨。

14

将内外翻面的鸡肉调整回原来的形状。

15

切掉鸡腿末端，整理外形。

16

由鸡腿连接根部开始，用菜刀朝向鸡腿末端切开并摊平。另一侧鸡腿也用同样的方式处理。将鸡屁股切除。

17

要使鸡肉填满所有空隙，将鸡肉由中间向两侧切开，让鸡肉厚度均等分布。

18

鸡胸肉也切开，使厚度均等。

19

先将鸡腿肉的粗筋切断，分为1~2条。

20

图为完全切开摊平的鸡肉。

【填入并卷起】

21

将填料的鸡柳切成小块、用奶油快速翻炒作准备。

22

混合所有填料。

23

将混好的填料放置在鸡腿肉上方。

24

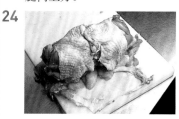

以填料为中心，由鸡腿侧开始卷一圈，只留下鸡头部位的鸡皮。

25

整理好鸡肉卷两端，将鸡头部分的鸡皮盖上卷紧。

26

用棉布紧紧地包住鸡肉卷，两端以线绑紧。

27

开始绑线步骤。将线的一端紧紧打结，然后将线挂在左手绕圈，套入鸡肉卷后拉紧。

28

绑线步骤完成一半。

29

线绑到鸡肉卷一半部分时，转换方向由另一端套入绑线。

30

将棉线在鸡肉卷的一端缠绕数圈，留有一定长度的棉线，然后剪断，纵向将线穿绕过鸡肉卷（绕过横线上方后再由下方绕回）在一端打结绑紧。

31

煮沸鸡肉高汤，放入鸡肉卷。

32

以图所示的状态的火力加热2个小时左右，静置于高汤中冷却，待其冷却后取出。

33

直接以棉布包裹的状态分切，再将棉布移除。倒入洋葱高汤、放入西红柿（切月牙块）、水煮西蓝花和胡萝卜，再放入鸡肉卷，加上薄松露片。美味料理即可享受。

松露春鸡

这是一道在春鸡（仔鸡）鸡皮与鸡身间满满地夹入薄松露片，再烹饪而成的美味中式料理。如果以煲锅料理呈现，要事先煮好洋葱、胡萝卜、芹菜，再与已处理好的春鸡一起熬煮，最后加入芜菁。

料理 / 谷昇　▶

· 全春鸡……1 只（0.41 克，去除鸡毛、鸡头以及内脏）
· 松露……5 克
· 鸡肉高汤……适量（具体操作法请参考第 79 页）
· 奶油酱汁
· 鸡肉高汤（煮春鸡的汤汁）……100 毫升
· 鲜奶油……100 毫升
· 奶油……30 克
· 松露（切碎）……少许

芹菜泥
· 根状芹菜……500 克
· 奶油……50 克
· 盐……少许
· 维生素 C……1 克

· 芹菜泥
　　将根状芹菜切薄片，加入水、奶油、盐和维生素 C，熬煮至芹菜变软为止，将其过滤制作成芹菜泥。

1

　　春鸡鸡背侧朝上，逆刀将鸡颈皮切开。

2

　　鸡胸侧朝上摆放，将附在鸡颈内侧的食管和气管取出。

3

　　拉开鸡颈皮，切除 V 字形的锁骨（具体操作方法请参考第 24~25 页）。

4

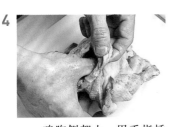

　　鸡胸侧朝上，用手指插入鸡皮与鸡肉之间，露出薄膜部分。

5

　　用手指插入鸡背侧的鸡皮、鸡肉之间，露出薄膜部分。

6

　　选择没有破损、颗粒均等分布的松露，切成薄片。

7

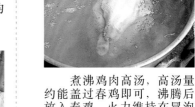

　　将松露薄片夹入鸡胸肉与鸡皮之间，鸡背侧也用同样的方式处理。

8

　　以棉线固定（具体操作方法请参考第 27 ~ 28 页）。

9

　　撒上春鸡重量 0.8% ~ 1% 的盐量，最好将春鸡静置放一个晚上，让盐与松露的香味融合。

10

　　煮沸鸡肉高汤，高汤量约能盖过春鸡即可，沸腾后放入春鸡，火力维持在冒泡泡沸腾的程度，持续加热。

11

　　通过鸡屁股所流出的肉汁来判断加热状况。若肉汁仍混有血水显得浑浊，则需再稍微熬煮一会儿。

12

熬煮约 20 分钟。虽然已无浑浊的血水，但可能因加热缘故，血水只是刚开始凝结，要持续加热至流出的肉汁变清澈。

13

开始分切。切断并拔除棉线，用菜刀切入鸡腿周围。

14

手拉起鸡腿，切开关节部位。

15

鸡腿上附有鸡蚝，将其从鸡腿上分切出来。另一侧的鸡腿也用同样的方式处理。

16

鸡胸侧向上摆放，沿着胸骨在两侧划上切口。

17

用菜刀由切口切入，沿着肋骨持续切入。

18

将鸡柳根部连接处切至露出来，切开鸡翅的连接根部关节。

19

用菜刀压住鸡身骨，将鸡胸肉拉开取出。

20

分切完成图：鸡腿肉 2 块，鸡胸 2 两块。

【奶油酱汁】

21

取步骤 10 所熬煮春鸡的鸡肉高汤 100 毫升，用大火熬煮浓缩至 50 毫升。

22

加入鲜奶油，待其溶解后加入少许松露，将春鸡盛盘，淋上奶油酱汁，再佐以芹菜泥。

烤填馅春鸡

将加有鹅肝和鸡柳的抓饭填塞进入去骨布袋鸡，使用平底锅加入奶油煎烤上色后再烧烤。用奶油煎烤，能提升香味，让料理更美味。煎出美味的焦糖色非常关键。过大的火会导致鸡肉沾有焦臭味，焦糖色也不会均匀。

◀ 料理 / 谷昇

· 春鸡……1 只（410克，去除鸡毛、鸡头及内脏）

抓饭
· 金华火腿（切碎）……20克
· 奶油饭……100 克
· 鸡蛋……1 个
· 鸡柳（切小块）……30克
· 鹅肝（切块）……20克
· 蘑菇（切小块）……20克
· 盐……少许
· 胡椒粉……少许

· 橄榄油 适量

炒洋葱酱汁……适量
· 洋葱（切薄片）……2 大颗
· 奶油……40 克
· 白酒……1.5 升
· 鸡澄高汤……500毫升（具体操作方法请参
考第 42 ~ 44 页）

· 小牛骨高汤……1.5 升
· 松露（切碎）……适量
· 炒菠菜……适量

* 抓饭
　　用平底锅使鹅肝油脂融化后，拌炒鸡柳及蘑菇，在此加入充分搅拌的鸡蛋、奶油饭（将40 克奶油化开，放入 120 克大米后以小火拌炒，全部冒泡后加 180 毫升水、少许盐，加盖以小火煮）、煎鹅肝（鹅肝沾裹面粉后稍微煎煮表面）及金华火腿，并以盐、胡椒粉调味。用炒饭的方法制作抓饭。

* 炒菠菜
　　只用菠菜菜叶。将奶油化开，加入碎蒜头（材料外）炒香，再加入菠菜拌炒。

* 炒洋葱酱汁
　　用奶油拌炒洋葱，整体温度上升后将火调

小，慢慢拌炒至呈淡茶色。在此分次加入白酒（略盖过全部材料程度），并以大火加热，当白酒收干后，再加入白酒熬煮收干，这样反复进行直至加入所有白酒为止，再倒入鸡澄高汤继续熬煮收干，当洋葱拌炒至茶色后，倒入小牛骨高汤熬煮，以滤网过滤后放入冰箱冷藏保存。炒洋葱酱汁可作为各式各样酱汁的汤底，在此与切碎的松露混合使用。

1

去骨布袋鸡（具体操作方法请参考第35~37页）和鸡骨、鸡柳。

2

准备抓饭。

3

从春鸡头部填塞入抓饭。

4

填满抓饭至恢复春鸡的本来的形状，如图所示。

5

用棉线缝起来（具体操作方法请参考第27~28页），涂抹适量的盐。

6

往平底锅倒入橄榄油，煎烤春鸡背侧。由背侧煎烤至鸡皮变硬后，鸡身形状不容易甬坏。

7

在锅中加入奶油来增添风味。

8

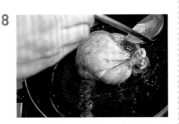

将奶油捞起，浇淋在春鸡上煎烤。如果闻到了烧焦的味道，倒掉奶油，再加入新的奶油。

9

待鸡背侧呈焦糖色后，改煎鸡身的侧面，油一焦即取出更换。另一侧面以同样方式煎烤。

10

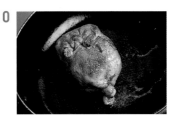

煎烤鸡胸侧。

11

煎烤肩部位置。

12

最后煎烤鸡屁股部位。

13

图为煎烤完成的春鸡。将春鸡放入180℃的烤箱，烤15分钟左右。

14

要确认鸡是否烤熟，可将钢签由鸡腿连接根部附近刺入约10秒钟拔起。钢签如果温热表示鸡已烤熟。然后装盘，在盘中倒入炒洋葱酱汁、放入炒菠菜，最后放上烤春鸡。

油封鸡腿

油封料理是一种使用油脂腌渍的食物，不用再煎烤即可直接食用，而使用油脂腌渍约一个月使它肉熟，可作为提味用的调味料，例如：加进炖肉料理或是混入香肠等。猪油等固体油脂及橄榄油等液体油脂混合来制作各式各样如鹅肝或鸭肉等油封料理时，在反复使用多次之后就会产生各种美味精华。但同时盐分也会变高，因此务必要根据油封的味道来调整涂抹鸡肉的盐的分量。

◀ 料理 / 谷昇

· 带骨鸡腿肉……1 只
· 盐……肉重的 1% ~ 1.2%
· 固体油脂……适量
· 液体油脂……适量
（固体和液体比例 2:1）
· 炒洋葱酱汁（具体操作方法请参考第 84 页）……适量
· 法式马铃薯……适量

· 液体油脂为橄榄油等呈现液体状态的油。加入液体油脂，食材即使冷却也不会变得非常硬，因此将肉取出时不会破坏肉的形状。

* 法式马铃薯

剥去外皮，并将马铃薯削为鸡蛋般的椭圆形，然后切为 1.5 毫米厚的薄片，并用菜刀将薄片外形都统整为椭圆形。在锅中倒入多量油，加热至 170℃，放入马铃薯后，一边前后摇晃锅，一边加热马铃薯。在平底锅中倒入适量的油，并加热至高温，再放入先前的马铃薯，马铃薯会因为油温差而膨胀，然后再稍微调降锅的温度，将马铃薯油炸至的淡茶色即可。

1

准备带骨的鸡腿肉制作油封料理，去骨鸡腿肉也可以使用同样方式制作。

2

将鸡腿肉侧朝上摆放，在脂肪筋膜（图中白膜部分）稍微下方位置切下，即可直接在关节处分切。

3

图为分切好的鸡腿肉。

4

用菜刀切入鸡腿末端周围，切开鸡皮和数条鸡腱，以便在料理后期能完美地将鸡肉分离。

5

撒上盐，鸡皮侧撒的量要多，鸡肉侧撒少点。

6

如图揉搓鸡肉，让其更加入味。

7

静置一晚。

8

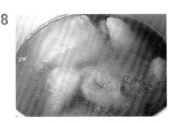

在锅中放入液体油脂与固体油脂，再放入腌渍好的鸡肉，开火保持 80 ~ 85℃ 的温度，炖煮最少 1 小时。由于油温超过 100℃，鸡肉会变得干涩。想要鸡肉鲜嫩味美，控制好油温是关键。

9

取出鸡肉。如果直接保存，将鸡肉留在锅内冷却，然后移至密封容器内并放入冰箱冷藏层保存。

10

预热平底锅，从鸡皮侧开始煎烤，煎烤至刚好的焦糖色。

11

将鸡肉移至烤盘，放入 180℃ 烤箱内烤 15 分钟左右。将油封鸡腿盛盘。淋上炒洋葱酱汁，再佐以法式马铃薯。

轻煎鸡腿肉佐龙虾酱汁

这道料理无需烤箱，只用平底锅煎烤就能让带骨鸡腿肉味鲜美。煎烤10分钟后自火源移开静置一会儿，再煎烤10分钟，反复按上述步骤煎烤加热。这么做能阻止鸡肉美味肉汁的流失，让其在保持多汁的状态下煎烤出来。

◀ 料理 / 谷昇

· 带骨鸡腿肉……2 只

· 橄榄油……适量

· 奶油……适量

· 龙虾……1 只

· 盐……适量

· 面粉……适量

龙虾酱汁

· 龙虾壳……1 只

· 干邑白兰地……50 毫升

· 苦艾酒（Vermouth）……50 毫升

· 法式鱼高汤（Fumet de Poisson）……1 升

· 奶油……15 克

· 盐……适量

＊龙虾酱汁

将第 89 页步骤 10 中所取出的龙虾壳放入锅中（不加油、酒），干炒至慢慢飘出龙虾香气后，加入干邑白兰地、苦艾酒、法式鱼高汤炖煮 1 个小时并过滤，再次熬煮浓缩后，加盐调味，再加入奶油，使之溶解，增加酱汁浓稠度。

＊苦艾酒使用的是 Noilly Prat。

【煎烤鸡腿肉】

1

由于鸡腿肉的头部和根部肉质不同，因此需要从关节处分切成两块。在脂肪筋膜（图中白膜部分）稍微下方的位置切下，即可很好地在关节处分切。

2

用菜刀切入鸡腿末端周围，切开鸡皮和数条鸡腱，以便料理后容易将鸡肉分离。

3

撒盐后放入冰箱冷藏静置一晚，如果有时间限制，则在撒上盐之后，暂时静置至鸡肉表面浮出水珠。

4

往平底锅中倒入橄榄油，从鸡腿肉侧开始煎烤。如果从鸡皮侧开始煎烤，鸡身可能会萎缩。

5

由于带骨的棒腿也只以平底锅煎烤，为了避免烧焦，要不断地翻动鸡肉，均匀受热。煎烤10分钟后，自火源移开静置一会儿，再煎烤10分钟，反复按上述步骤煎烤加热。

6

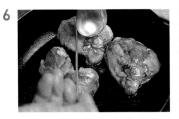

一边煎烤一边时不时地浇上油，让鸡肉呈现煎烤中常呈现的焦糖色。

7

当鸡腿肉全部膨起，并呈现焦糖色时，调小火继续煎烤。要注意棒腿部分较难烤熟，煎烤至此，准备工作结束。上桌前再用平底锅加入奶油加热。

【龙虾】

8

处理龙虾。虾身部位依关节切开后，先切除腹膜两侧和螯钳，这样虾肉容易取出来。

9

用刀身敲打螯钳部位，敲出破口。

10

图为分切完成的龙虾。将虾壳、虾脚、虾头（虾脑浆部分分开保存）切碎用来制作酱汁。

11 在锅中加入大量清水煮沸，放入虾壳及螯钳熬煮1分半钟左右过筛。

12 龙虾肉侧撒上盐、铺上面粉，平底锅中倒油，慢慢地煎烤切口部位，螯钳部位也用平底锅煎烤至温热。

13 将鸡腿肉和龙虾一并盛盘、淋上龙虾酱汁。

红酒炖鸡

这是一道以红酒炖煮鸡腿肉的传统料理。如果你不喜爱偏甜的口味,可以不使用洋葱或胡萝卜等蔬菜,只使用蒜头一起炖煮即可。这道料理会加入面粉以增加黏稠度,鸡肉会炖煮软烂,酱汁会更加浓稠,因此要在开始时,就加入小牛骨高汤炖煮。

◀ 料理 / 谷昇

- 带骨鸡腿肉……3 只
- 红酒……800 毫升
  (腌渍用 400 毫升、熬煮用 400 毫升)
- 橄榄油……适量
- 奶油……适量
- 蒜头……3 瓣
- 小牛骨高汤……100 毫升
- 蘑菇……12 朵
- 培根……30 克
- 欧芹(洋香菜)(切碎)……适量

* 不需要剥开蒜皮。保留蒜皮、蒜香会更温和。

【 煎烤鸡腿肉 】

1

准备带骨鸡腿肉。

2

将鸡腿肉侧朝上摆放,在脂肪筋膜(图示的白膜部分)稍微下方的位置切下。

3

可以直接在关节处分切。

4

图为分切好的鸡腿肉。

5

用菜刀切入鸡腿末端周围,切开鸡皮和数条鸡腱,以便料理后能轻易地将鸡肉分离。

6

图为切开鸡腱的部位。

7

准备大的透明保鲜袋，放入鸡腿肉、400毫升的红酒，尽量将袋内的空气排出后绑起。

8

腌渍12个小时后取出，用网筛过滤，去除水分。

9

在鸡肉上撒适量的盐。

10

图为步骤8中所剩余的红酒。

11

用漏斗网筛过滤，开火加热，并捞出浮起的杂质泡沫。

12

往平底锅中倒入橄榄油加热，煎烤步骤9的鸡肉，火力不用太大。

13

如果鸡肉流出的油令锅内的油增加，将油倒掉，加入奶油，再放入附有薄薄外膜的蒜头。

14

慢慢地煎，煎烤20分钟左右，煎至呈金黄状态即可。炖煮会使鸡肉的外皮焦糖色泽变浅一半左右，想要上色好看，需耐心煎制。

15

将鸡腿肉移至锅中，倒入步骤11的腌渍酱汁，再倒入红酒400毫升，直至完全淹没食材。

16

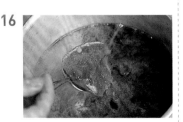

为了增加浓稠度，在炖煮开始时加入小牛骨高汤一起炖煮。

17

如果锅内有杂质泡沫浮起，调小火，将其捞出。

18

炖煮30分钟后的状态。

19

用网筛过滤，酱汁再继续熬煮浓缩，加入融化的奶油来增加浓稠度。

20

将肉放回浓缩后的酱汁温热，再放入用奶油清炒过的蘑菇、培根、欧芹(洋香菜)，稍微温热后盛盘。

煎炸带骨鸡胸肉

　　鸡胸肉直接带骨煎炸，鸡肉不易缩小，且煎炸完成后仍能留有充足的肉汁。另外，涂抹盐后不应立即煎炸，需先静置一段时间，其表面会凝结出一些水珠，这些水珠含有蛋白质，不要擦拭，直接将其放入平底锅煎炸。即使低温加热，水珠也会凝固，呈现一种白色物质，且肉汁精华也不易流失。

▲料理 / 谷昇

- 带骨鸡胸肉……1 块
- 橄榄油……适量
- 奶油……少许

松露酱汁……适量
- 白兰地……少许
- 炒洋葱酱汁……适量（具体操作方法请参考第 84 页）
- 松露（切碎）……适量
- 盐……少许
- 胡椒粉……少许
- 奶油……10 克

- 炒白芦笋……适量

* 松露酱汁

　　熬煮白兰地至如镜面状态，加入炒洋葱酱汁，再放入松露、盐、胡椒粉，完成前加入融化的奶油，增添风味和浓稠度。

* 炒白芦笋

　　用削皮器去除白芦笋外皮，削去的外皮以冷水（加有盐）加热余烫，然后加入去皮白芦笋烫煮 3～5 分钟，直接放置冷却。切成适当长度，然后用橄榄油炒一下，加盐调味。

1

　　从鸡胸肉的关节处将鸡翅腿分切出来，鸡胸肉处理参考第 31~32 页的步骤 1～13。

2

　　在鸡胸肉和鸡翅腿上撒上盐，放置一段时间，待其腌渍至表面凝结出水珠为止。

3

　　平底锅中倒入橄榄油、放入鸡肉后开火加热，若放入已开火加热的平底锅，鸡肉很快就会烧焦，因此一开始一定要从低温开始煎烤。先从鸡皮侧煎烤。鸡翅腿也用同样的方法，用另一只平底锅煎。

4

　　为了保持鸡肉下方随时都有油脂的状态，要倾斜平底锅，让油能流入肉的下方。

5

　　用油浇淋，稍微加热鸡肉表面。

6

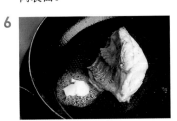

　　待鸡肉上色后放入奶油。

7

　　反复地用奶油浇淋鸡肉，以增添风味。

8

　　翻面后，同样用奶油反复地浇淋鸡皮侧，直至鸡肉逐渐呈现出焦糖色。

9

　　用手试压鸡肉最后的部位，根据鸡肉的弹性来判断是否已经煎好。如煎炸好，将其从平底锅取出，静置一段时间（与煎烤时间相同）以保存肉汁不流失。

10

　　用另一个平底锅煎烤完成鸡翅腿。盘中放入炒白芦笋，淋上松露酱汁，将其与鸡胸肉盛装在同一盘内。

法式炸鸡

　　法式料理，是用细面粉来包裹肉类，使用约略高于肉厚度的油量来油炸，在油炸过程中加入奶油来增添风味的一种料理制做法。而这里要介绍的是用粗颗粒的生面包粉，沾裹在鸡胸肉上，然后用大量油来炸的一道法式风味炸鸡。

▼料理 / 谷昇

- 鸡胸肉……1 块
- 盐……少许
- 高筋面粉……适量
- 鸡蛋……1 个（打散）
- 生面包粉……适量
- 沙拉油……适量
- 卷心菜（切丝）……适量

法式油醋酱
- 橄榄油……400 毫升
- 白酒醋……100 毫升

- 法式芥末子酱……1 小匙
- 盐……2~3 克
- 香脂醋（Balsamic）……适量

* 生面包粉：
　　面粉依其含水量差异分为不同种类，吐司未经干燥直接磨碎即为生面包粉。其含水量较高，油炸后口感较为柔软。

* 卷心菜切成细丝，待拌入法式油醋酱调味后，充分搅拌均匀即可。

1

　　准备好从鸡翅腿分切出来的鸡肉，按照本书第 34 ~ 36 页的步骤，分切成去骨鸡胸肉。

2

　　在鸡肉各处均匀地划上刀口，让其能平均受热，避免鸡肉在煎炸的时候缩小。

3

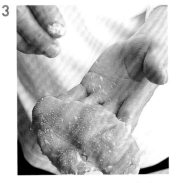

　　在已经处理好的鸡肉上均匀地撒上盐。

4

　　在鸡肉上涂上高筋面粉，且切口内也要仔细地涂抹上。

5

　　将鸡胸肉放入蛋液中，然后取出，让其滴除多余的蛋液。

6

　　放入盛有生面包粉的盘中，轻轻按压，让鸡胸肉裹上生面包粉。

7

　　图为已裹上生面包粉的鸡胸肉。

8

　　取锅倒油，油温加热至170℃，将鸡胸肉鸡皮的那面朝下放入锅内。

9

　　待鸡胸肉上方炸至半熟后翻面。

10

　　待鸡胸肉呈现出美味的焦糖色后，将其取出，沥干多余的油分，然后分切成一口大小的块状，盛装在盛有卷心菜细丝的盘子上。将香脂醋熬煮浓缩至一半分量后，从鸡肉上方淋入。

鸡胸肉佐鹅肝酱

鸡胸肉依其内部纤维组织差异而分为两部分，必须先将其分切开来再使用。清淡的鸡胸肉搭配浓郁的鹅肝酱，是一道很好的前菜。使用鸡柳来替代鸡胸肉也是可以的。按照搭配的酱汁不同，其料理的味道也会变化很大。

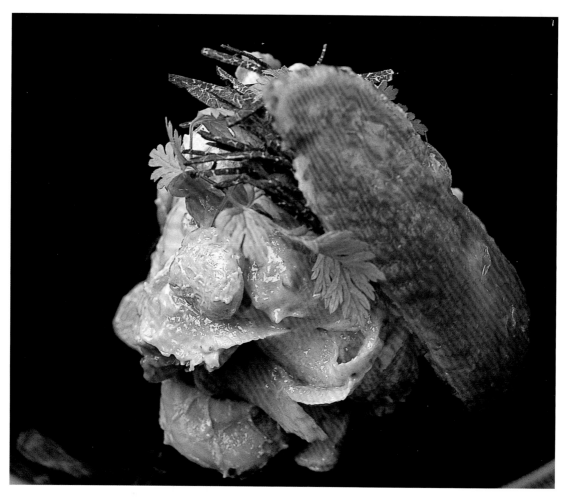

- 鸡胸肉……1/2 块
- 鹅肝酱（过筛）……40 克
- 橄榄油……40 毫升
- 盐……少许
- 胡椒粉……少许
- 松露（切丝）……适量
- 细叶香芹……少许
- 蚕豆……适量

1

按照鸡胸肉的纤维交错来分切，将鸡皮从鸡肉上剥除出来。

2

图为已分切下来的鸡胸肉与鸡皮。

3

水烧开后，加入少许盐，放入鸡胸肉。

4

待鸡胸肉表面变白后，立刻放入冷水冷却。让鸡肉中间保持半熟状态。

5

鸡胸肉冷却之后，沥干水分，再切薄片，如同切断纤维组织般地斜切成薄片。

6

油炸鸡皮。将鸡皮油脂处朝下，放入未倒入油的冷平底锅中摊开。

7

将数个烤盘重叠在一起压在上方以避免鸡皮卷缩。用极小的火加热，用鸡皮自身产生的油来炸烤，炸烤过程中需要翻面。

8

图为已炸烤完成的鸡皮。

9

将过筛的鹅肝酱与橄榄油混合，加入盐、胡椒粉搅拌，然后将鸡胸肉片与蚕豆放入，一起盛盘。撒上松露和细叶香芹，放上鸡皮。美味料理出炉啦。

中式料理

葱姜白斩鸡

要同料理名称一样保持鸡肉洁白，最重要的是在蒸煮鸡肉前用盐充分搓揉、以高汤蒸煮，并浸泡于高汤中冷却入味。食用时可享受到酱汁带出的多层口感。在此使用的葱姜酱汁也相当适合冷豆腐等料理，是一种应用范围广泛的酱汁。

料理 / 出口喜和 ▶

· 全鸡……1 只（1.8 ~ 2 千克，去除鸡毛、鸡头和内脏）
· 中式母鸡高汤……2.5 升（具体操作方法请参考第 41 ~ 42 页）
· 长葱（葱白）……1 根
· 姜（薄片）……1 块
· 花椒……1 大匙
· 盐……2 大匙

葱姜酱汁
· 大豆油……30 毫升
· 长葱（葱白部分切碎）……1 根
· 姜（切碎）……1 块
· 沙姜粉……1 小匙
· 盐……适量

· 胡椒……适量
· 香菜……少许

*葱姜酱油
　高温加热大豆油，加入长葱、姜、花椒取其香味。可保存两周左右。

*沙姜粉
　将沙姜磨成粉末状。

*沙姜为姜科植物"山奈"，中国南方在料理时候常使用。以橄榄油炒一下，加盐调味。

*葱姜酱油多用于海南鸡肉料理。此道料理又称海南鸡，又因以产地文昌市而出名，故也称文昌鸡。

【鸡的事前处理】

1

用盐充分涂抹、搓揉鸡的表面，可去除鸡皮的滑液和脏污，使鸡变白。

2

用清水冲洗鸡身上的盐。

3

料理全鸡时，若不影响外观，为了热度能充分传导，最好在鸡背上划一切口。

4
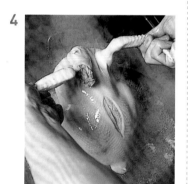
将全鸡放入沸水中氽烫。

5

鸡皮呈拉紧状态，不仅便于整理全鸡外形，料理完成后的颜色及光泽度也较佳。

【高汤蒸煮】

6

将全鸡放入大小合适的料理钵中，倒入中式母鸡高汤，加入长葱、胡椒、花椒、沙姜粉和盐，盖上保鲜膜后蒸煮 45 分钟左右。

7
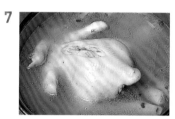
蒸煮完成。直接静置冷却。

【全鸡分切】

8

将全鸡由高汤中取出进行分切。鸡背侧朝上，在鸡屁股处划上一刀。

9

鸡腿连接根部处也划上切口。

10

在鸡背侧划上两道切口。

11

改为鸡胸侧朝上，鸡腿周围用菜刀切入。

12

划在两只鸡腿周围的切口。

13

手拿着鸡腿部位，拉向外侧取出。另一侧的鸡腿也可以用同样方式取出。

14

用菜刀切入鸡翅中的连接根部，将鸡翅中分切出来。另一侧的鸡翅中也以同样方式取出。

15

鸡胸侧部位，由鸡头开始先划上 Y 字形的切口。

16

菜刀从切口处沿着胸骨向深处切入，将其切开。

17

菜刀切入鸡翅腿关节处，将关节露出来。

18

不取出鸡柳，将鸡胸肉直接分切出来。另一侧的鸡胸肉也用步骤 16 ～ 17 同样的方式下刀，不取出鸡柳而直接分切出鸡胸肉。

19

用手将两块鸡柳取出。

20

分切完成的白斩鸡。鸡腿 2 只、鸡胸肉 2 块（连有鸡翅腿）、鸡翅 2 只（鸡翅中及鸡翅尖）、鸡柳 2 条。

【分切】

21

剁切鸡胸肉。

22

以刀刃根部剁切带骨鸡腿肉。将鸡肉装盘后淋上葱姜酱油并放上香菜。

唐扬炸鸡块

将鸡腿肉等较难加热的部位，沿着骨头划上切口，切成同等大小，调整加热方式制作而成。为了能炸得酥脆，最好从 120℃ 的油温开始，慢慢地将火调至 140～150℃，最后再以高油温取出，渗入面衣和鸡肉的油脂便完工。炸鸡所搭配的蔬菜酱汁，很适合春卷等炸物，也可以搭配盐水牛腱或牛舌等凉拌前菜食用。

◀ 料理 / 出口喜和

• 全鸡……1 只（1.2 千克，去除鸡毛、鸡头和内脏）

调味料
• 老酒……30 毫升
• 蒜泥……1 大匙
• 盐……0.5 小匙
• 白胡椒……少许

面衣
• 鸡蛋……1/2 个
• 日式马铃薯粉（片栗粉）……5 大匙
• 水淀粉（浓稠）……2 把
• 大豆油……30 毫升

蔬菜酱汁
• 上海青菜叶……1/2 株
• 塌菜菜叶……1/2 株

• 盐……0.5 小匙
• 姜（切碎）……1 块
• 橄榄油……与蔬菜同分量
• 葱油……与蔬菜同分量
• 花椒盐……适量
• 香菜……适量

* 用许多盐搓揉全鸡的表面，再用清水洗净备用。

* 蔬菜酱汁
　　用已加盐的沸水汆烫上海青菜叶和塌菜菜叶部分，再放入冷水冷却、去除水分后，与其他调味料一同以食物处理器搅拌成糊状。

* 该料理由腌好的鸡肉沾上面糊油炸而成，故又称软炸鸡。

【全鸡分切】

1

鸡背侧朝上，鸡屁股两侧用菜刀切入。

2

朝着鸡颈方向，由脊椎骨两侧用菜刀切入。

3

切至鸡颈处取出脊椎骨。

4

切开的全鸡，以及取出的脊椎骨与鸡颈。

5

清洗血块。

6

切开的全鸡再对半剖开。

7

对半分切好的全鸡。

8

将半只鸡再切作两半。鸡皮朝上，以刀刃底部切入锁骨正中间。

9

然后分切出鸡胸肉，并剁切鸡腿肉。

10

对半分切的半鸡。

11

沿着鸡腿骨两侧划上两个切口。

12

为了容易加热，要先将鸡腿肉切开至可看见骨头的程度。

13

将鸡皮侧朝上，用刀刃根部将鸡腿剁切为5～6等份。

14

另外一半，先切下鸡翅和鸡翅腿，将鸡胸部位分切为4等份。

15

将分切好的鸡肉放入料理钵中，加入调味料后充分搅拌，静置10～20分钟入味。

【油炸】

16

加入鸡蛋、日式马铃薯粉、浓稠的水淀粉并充分搅拌混合，将鸡肉仔细地沾裹上厚厚的面衣。

17

加入大豆油,让鸡肉表面形成薄膜,可避免鸡肉在油炸时彼此粘黏。

18

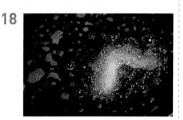

将鸡肉放入 120 ~ 130℃ 的热油中。油温的程度为几乎不会产生气泡,也没有什么声音。

19

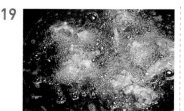

慢慢地油炸加热。

20

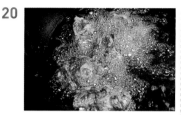

慢慢地将火转大,调至油温 140 ~ 150℃,让鸡肉完全受热油炸。

21

最后以高温油炸,去除多余油脂,再沥去油分。装盘后放上香菜、拌蔬菜酱汁和花椒盐食用。

油淋鸡

为了让全鸡酥脆且呈现美味的焦糖色,一开始要先用盐充分搓揉全鸡表面。并浸入滚水中使鸡皮拉紧,再用糖水和无糖炼乳涂抹全鸡表面各处。若涂抹不均匀,烧烤出来的颜色就有分布不均匀的斑点。由于是油炸全鸡,会有不易熟的部位,要用油浇淋加热使全鸡各部位能均匀地受热,最后则以余热令鸡肉变熟。

料理 / 出口喜和 ▶

- 全鸡……1只(1.8~2千克,去除鸡毛、鸡头和内脏)
- 无糖炼乳……适量

调味酱
- 长葱(切碎)……1/2根
- 姜(切碎)……半块
- 蒜头(切碎)……2瓣
- 白醋……45毫升
- 黑醋……45毫升
- 麻油……15毫升
- 老酒……15毫升
- 鸡高汤……90毫升
- 浓味酱油……9毫升
- 砂糖……3大匙

- 香菜……适量

* 用较多的盐搓揉全鸡的表面,清水洗净,然后将其浸入滚水中使鸡皮拉紧(具体操作方法请参考第98页,鸡的事前处理),再浸入水中冷却后,拭除表面的水分。将鸡翅关节挂在吊钩上,吊起全鸡,待其变干后在鸡的表面各处涂抹上无糖炼乳,再吊挂25 ~ 30分钟干燥。

* 调味酱
　　热锅后,倒入麻油,拌炒长葱、姜末、蒜末,再将其他调味料加入后即完成,趁热浇淋在鸡肉上。

【油炸】

1

在炼乳变干之前,将鸡吊起来保持上图状态。

2

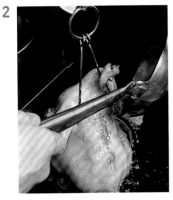

一开始以150℃热油浇淋,再慢慢调升油温至180℃为止。

3

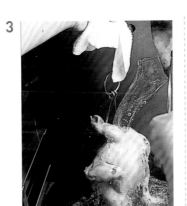

全鸡两侧全部都要淋上热油。

4

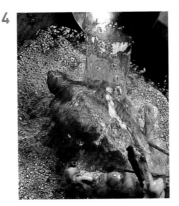

待全鸡上色、表面变得略有硬度后,将网架放入锅中、鸡放置在网架上,继续浇淋热油。如果将网架直接从中间放入锅子内会溅油,最好由鸡屁股方向慢慢放入。

5

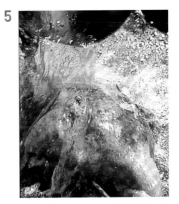

鸡胸侧也用同样方法浇淋热油。由于鸡腿肉相比鸡胸肉难热,因此要特别浇淋加热鸡腿的连接根部。

6

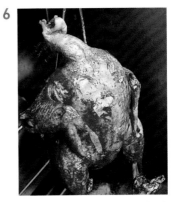

待鸡全身全部呈现焦香色、油泡变得较小时,全鸡即达7分熟左右。将全鸡取出,以余热让鸡肉全熟。

【 全鸡分切 】

7

切入鸡翅腿连接根部关节，将鸡翅分切出来。由于有热度，故需要小心处理。

8

另一侧的鸡翅也以同样方式分切。

9

用菜刀切入鸡腿连接根部。

10

用手将鸡腿向外侧拉开，由鸡腿关节处切开。

11

菜刀切入另一侧鸡腿连接根部。

12

用手将鸡腿向外侧拉开斜放，由鸡腿关节处切开。

13

将鸡立起来，将鸡胸侧和鸡背侧分切开来。

14

分切为鸡翅 2 只、鸡腿 2 只，鸡背侧、鸡胸侧各一块。

【 分切并盛盘 】

15

将鸡背侧分切为 5 ~ 6 块，放在盘子中间。以恢复全鸡形状的方式进行盛盘。

16

将鸡腿肉分为 4 ~ 5 块，放于鸡背两侧。

17

将鸡颈部也放入盘中。

18

为便于食用，在鸡翅上方沿着骨头处先划入切口。

19

将鸡翅盛放于鸡颈的两侧。

20

将鸡胸肉分为 7 ~ 8 块。

21

将鸡胸肉盛放在鸡背肉之上。从上方淋上热调味酱，并添放香菜。

烟熏鸡

这是一道简单的烟熏全鸡料理。一般烟制过程需经过盐腌渍之后，再进行去除多余盐量的步骤。这道料理是以老汤稍微煮过之后再进行烟制，目的不在于长期保存，而是为了享受烟熏香味。为了上色，使用大米取代粗砂糖，其香气与使用粗砂糖者相比较别有一番风味。即使是鸡腿肉、鸡胸肉或鸡肝等单一部位也可以用相同的方法烟熏，放于冰箱冷藏可保存 4～5 天。

◀ 料理 / 出口喜和

▼ 图为分切盛盘的烟熏鸡。

- 全鸡……1 只（1.8 千克，去除鸡毛、鸡头及内脏）
- 鸡高汤……3 升
- 老汤……3 升
- 长葱（切碎）……1/2 根
- 姜（切薄片）……1 块

烟熏料
- 樱木屑……70 克
- 龙井茶叶……10 克
- 大米……45 毫升

- 麻油……适量

* 老汤

　　加入八角、花椒、桂皮等香料，并以老酒、酱油、粗砂糖进行调味的高汤。

* 用较多的盐涂抹搓揉鸡的表面，去除鸡皮的滑液和脏污，再用清水冲洗去除盐分，并在鸡背上划上一道切口。（具体操作方法请参考第 98 页，鸡的事前处理）
* 老汤可重复使用，中途再加入新的卤料和卤汁调整味道，又称为老卤。

【事前处理】

1

水烧热，将全鸡放入其中汆烫。

2

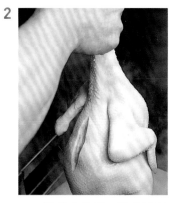

使鸡皮拉紧，这样容易上色和入味。

3

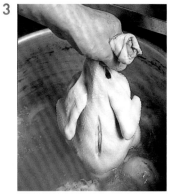

待鸡汤煮沸腾，放入全鸡，煮约 15 分钟。

4

再放入加有长葱碎和姜片的老汤中熬煮 30 ~ 35 分钟。

5

在平底锅上铺上铝箔纸，放入烟熏用的樱木屑、龙井茶叶及大米，然后摆上用于烧烤的网架。

6

开大火，待开始冒烟时，将熬煮后的全鸡放入网架。

7

使用可刚好容纳全鸡的料理钵盖上，烟熏大约 25 分钟，火力为中火。

8

待全鸡上色并有烟熏香气之后，为了避免表面干掉，在全鸡整体涂上麻油并冷却。分切后可作为餐桌上的前菜。

山东烧鸡

　　油炸鸡腿肉，让其形成外衣，即使长时间炖煮也不会令肉崩解。山东风味的烧鸡则是在料理中添加山东当地经常使用的腌卷心菜或腌雪菜。另外，烧煮成焦糖色及加入猪背脂等也是山东风味的特色，可释放出浓厚的美味。

▲ 料理 / 出口喜和

· 鸡腿肉……1 块

调味腌料
· 老酒……5 毫升
· 浓味酱油……15 毫升
· 胡椒……少许
· 长葱（斜切段）……0.5 根
· 姜（切薄片）……1 块

· 蒜头（切块）……3 瓣
· 腌卷心菜（略切）……20 克
· 红辣椒……5 克
· 八角……1 个
· 猪背脂（切碎）……50 克
· 大豆油……45 毫升
· 砂糖……5 大匙
· 老酒……70 毫升

· 盐……1 大匙
· 水……120 毫升
· 黑醋……45 毫升
· 白醋……45 毫升

＊猪背脂
　　指猪背部的肥肉，即表皮与肉中间的脂肪。

【事前处理】

1

将鸡腿肉均匀地切片，并保持肉片厚度一致。

2

图为已切好的鸡腿肉。

3

用菜刀刀刃靠近刀柄的地方切断几处的筋，再将鸡腿肉分切为4等份。

4

把调味腌料的材料放入料理盆中调和，倒入处理好的鸡肉，然后充分搅拌让其入味。

【油炸】

5

将油倒入锅中加热至200℃，加入腌渍过的鸡肉油炸。

6

油炸至鸡肉表面上色，呈现焦糖色（如图所示的程度为止），再放入另一个锅中。

7

倒入热的鸡高汤，去除鸡肉中的多余油脂。

【拌炒烧煮】

8

将其他材料按照上图所示状态切好做准备。

9

锅烧热，重新倒入油，加入上一步骤已处理好的长葱、蒜头、姜片、红辣椒以及八角炒香。

10

待香味散出后，加入腌渍的卷心菜继续炒，先将锅从火上移开。

11

起另一锅，放入大豆油、砂糖后开火加热。

12
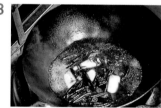
待砂糖快要烧焦之前，加入老酒、盐、水、黑醋和白醋，煮成焦糖状。

13

继续放入步骤10中的已处理好的材料，再次开火加热。

14

加入猪背脂。

15
煮沸后，换锅加入步骤7的鸡腿肉，开小火炖煮35～40分钟，盛出鸡肉，然后继续熬煮直至汤浓缩成酱汁。

* 步骤15所更换的锅为炖煮所使用的白色锅，如果使用黑色锅，若混入烧焦物，整道料理可能会因此变黑，因此要更换白色的锅。

蒸煎鸡腿肉

　　黏滑的蛋液包裹着鸡腿肉，能锁住鸡肉肉汁，然后煎煮，再以高汤蒸煮，一道美味的料理大功告成。煎煮的过程能增添香味。这道料理除了使用鸡肉外，也可以使用一整条鱼等来煎煮。

▲ 料理 / 出口喜和

· 鸡腿肉……1 块
· 盐、胡椒粉……各适量
· 低筋面粉、鸡蛋……各适量
· 长葱（斜切段）……1/2 根
· 姜（切薄片）……1/2 块
· 老酒……40 毫升
· 鸡高汤……120 毫升
· 盐……0.5 小匙

· 日式马铃薯水淀粉……适量
· 鸡油……少许
· 香葱（斜薄片）……适量

＊ 食材蘸上干粉后再沾蛋液，表面煎过后，加入汤汁煨煮入味，此烹饪法在中式料理做法中称为"锅塌"。

【事前处理 沾裹面粉】

1

为了统一鸡腿肉的厚度，将其切开。

2

用菜刀刀刃根部切断鸡腿肉几处的筋。

3

在鸡腿肉侧撒上盐、胡椒粉。

4

用低筋面粉涂抹全鸡腿。

5

将多余的面粉拍除，放入蛋液中，让蛋液包裹整只鸡腿。

【煮前准备】

6

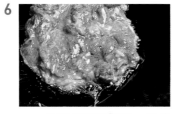

热锅后重新倒油，将鸡腿肉和鸡皮侧放入，用小火煎煮。

7

为了避免粘锅，要一边摇晃锅，一边慢慢地转大火煎煮。

8

翻面后，用同样方式继续煎煮。

【蒸煮中】

9

将鸡腿肉放入盘中，加入长葱、姜片、老酒、鸡高汤和盐，盖上保鲜膜后蒸煮10 ～ 15 分钟。

10

蒸煮完成，将鸡腿肉分切为 8 ～ 10 等份盛装入盘中。锅内加入适量鸡高汤至蒸煮汁中加热，再慢慢地加入马铃薯水淀粉勾芡，最后滴入鸡油增添香味后浇淋至鸡腿肉上，撒上香葱。

芙蓉鸡汤（鸡茸火腿鸡汤）

　　鸡胸肉切碎、压绵且混合蛋清而成的芙蓉鸡高汤，最重要的是要仔细地去除鸡肉的筋和薄膜，让这道料理的口感更加柔滑。使用食物搅拌器等工具处理鸡肉，是让这道料理口感更加柔顺滑嫩的秘诀。

▲ 料理／出口喜和

- 鸡胸肉……200 克
- 蛋清……4 个
- 日式水淀粉（浓稠）……适量
- 盐……1 小匙
- 胡椒粉……少许
- 鸡高汤……120 毫升

汤用料
- 鸡高汤……240 毫升
- 盐……少许
- 火腿（切碎）……少许

【 细肉末 】

1

去除鸡胸肉的鸡皮与筋。

2

切开鸡胸肉内部的筋，并将其切除。

3

剥除鸡胸肉表面的薄膜。

4

用菜刀将鸡胸肉剁碎。

5

以刀腹将鸡胸肉压绵。

【 芙蓉汤 】

6

把蛋清打散，加入水淀粉、盐、胡椒粉和鸡高汤，充分混合搅拌。

7

加入已做好的细肉末，使用搅拌器搅拌至如图所示的柔滑程度。

8

加热汤用料的鸡高汤，放入盐调味，加入步骤 7 的成品后，混合所有材料。

9

煮沸后，转小火继续煮 10 分钟左右。

10

如图所示，盛装后撒上已切碎的火腿来提味。

芙蓉鸡

　　黏绵稠细的鸡柳与蛋清混合，能炒出一盘轻柔膨胀的美味料理。将裹入蛋白的细肉末煎成薄蛋皮般，再做成花的外形，或是做成鸡肉丸，再加入高汤，无论怎么做都美味。

▲ 料理 / 出口喜和

- · 鸡柳（或鸡胸肉）……40 克
- · 蛋清……7 个
- · 鲜奶油……60 毫升
- · 盐……1/3 小匙
- · 葱油……30 毫升
- · 马铃薯淀粉……3 大匙

调味料
- · 老酒……15 毫升
- · 鸡高汤……22 毫升
- · 盐……1 小匙
- · 胡椒……少许
- · 浓缩调味粉……少许
- · 日式水淀粉……适量
- · 番茄（切小块）、黄花菜、菠菜

【 细肉末 】

1

将鸡柳剁细。

2

用刀腹将鸡柳压绵。

3

压绵至图片般的状态。

【 拌炒 】

4

将蛋清打散，加入上面
已处理好的鸡肉末。

5

加入鲜奶油、盐、葱油、
马铃薯淀粉。

6

充分搅拌直至均匀。

7

将油锅加热至 40~45℃，
将步骤 6 的成品一起倒入。

8

慢慢地用锅铲在油锅中
不停地搅拌。

9

待成品膨胀浮起后，沥
除油脂。

10

将调味料倒入锅中加热，
加入步骤 9 的成品一同拌炒。
如果不想材料带有焦糖色，
此步骤中要换成白铁锅。最
后放入菠菜、番茄及黄花菜。

炸鸡胗与鸡肝

鸡胗或鸡肝等内脏，美味的秘诀在于事前处理和适当地烹饪加热。特别是鸡肝，过度加热会变得干硬，如果事前不处理，油炸时会渗出血水，因此要事前适当地氽烫。另外，鸡胗可依个人喜好分切，需要用较大块鸡胗时可切为 2 块，较小块时则分切为 4 块。

▲料理 / 出口喜和

· 鸡胗……100 克
· 鸡肝……100 克
· 鸡高汤……适量

【鸡胗的事前处理（分切2块）】

1

将鸡胗驼峰侧朝上摆放。

2

切开，剥除鸡胗内部的银皮。

3

上图为剥除银皮后的鸡胗。

4

侧面的银皮也剥除。另一个鸡胗用同样的方法处理。

5

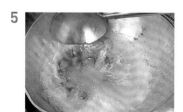

加热鸡高汤，煮沸后放入处理完成的鸡胗。

6

加热至鸡胗血水稍微渗出的程度后取出，然后沥干水分。

7

把鸡肝分切为两块，然后切除筋的部分。

8

在鸡肝上划上细切口并以清水冲洗，从切口处，挤出血块洗除，同时去除薄膜。

9

加热鸡高汤，煮沸后放入处理好的鸡肝。

10

加热至鸡肝血水稍微渗出的程度后取出，然后沥干水分。

【油炸】

11

将油温加热至180℃，油炸步骤6的鸡胗。

12

以170℃热油油炸鸡肝。

13

捞出鸡胗和鸡肝后，将其稍微静置，再以高温热油炸至酥脆，沥干油后装盘，撒上适量的花椒和盐（材料外）。

宫保鸡心

鸡心，富有弹性，有嚼劲。但鸡心若加热过度会变硬，影响口感。因此做好这道料理的关键是要将鸡心切开并划上细切口，这样容易入味。

▲ 料理 / 出口喜和

· 鸡心……300 克

调味腌料
· 盐……适量
· 胡椒粉……适量
· 马铃薯淀粉……适量

· 麻油……适量
· 花生……40 克
· 豆瓣酱……1 小匙
· 长葱（斜切）……1/2 根
· 姜（切薄片）……1/2 块
· 蒜头（切薄片）……1 瓣

· 红干辣椒……4 ~ 5 克

调味料
· 老酒……5 毫升
· 浓味酱油……15 毫升

【 鸡心的事前处理 】

1

切除鸡心根部连接处。

2

将鸡心如图对半切开。

3

切开鸡心后，切除残留的脂肪。

4

用清水冲洗干净。

5

在鸡心内侧划上细切口。

6

内侧划上格子状的切口，如图所示。

【 腌渍 】

7

将鸡心放入料理钵，加入盐、胡椒粉、马铃薯淀粉后搅拌均匀。

8

充分搅拌至调味腌料渗入切口内，倒入麻油搅拌。

【 拌炒 】

9

热锅后倒入油烧热，将鸡心过油，花生也以同样方法过油处理。

10

起另一个锅，热锅后重新倒入油，加入豆瓣酱、长葱、姜片、蒜头等拌炒。

11

放入红干辣椒一起混合拌炒。

12

炒出香味后，倒入过油的鸡心、花生混合拌炒。

13

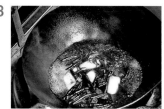

加入调味料调味。

14

反复搅拌，让食材充分混合均匀，大功告成。

扒三白（鸡脚、鸡肝、鸡胸肉）

富含胶原蛋白的鸡脚、肉质清爽的鸡胸肉、浓郁美味的鸡肝，三种各具特色的食材搭配组成了一道别样美味的料理。事前将各个部位处理好，更能激发出食材的精华，让此道料理的风味更上一层楼。

◀ 料理 / 出口喜和

- 鸡脚……200 克
- 鸡胸肉……100 克
- 鸡肝……100 克
- 盐……适量
- 胡椒粉……适量
- 马铃薯淀粉……适量
- 蒜头（切薄片）……1 瓣
- 姜（切薄片）……0.5 块

调味料
- 胡椒……少许
- 老酒……5 毫升

- 鸡高汤……180 毫升
- 浓缩调味粉……少许
- 盐……少许

- 日式水淀粉……适量
- 葱油……少许
- 青葱（斜薄切）……适量

* 浓缩调味粉
　　指市售的现成综合调味粉，例如: 鸡粉、香菇粉、鲍鱼粉等。

【制作前处理】

1

将鸡脚氽烫，然后去除骨头（具体操作方法请参考第 23 页）

2

剥除鸡胸肉的鸡皮，同时切除鸡胸肉的油脂部分。

3

在纤维交错的地方，将鸡胸肉纵切为两半。

4

将表面薄皮朝下放置，用菜刀薄薄地将其切除。

5

沿着纤维的地方，将鸡胸肉切成薄片。

6

鸡肝对半切开，去除筋和血块等，再斜切成薄片。

【氽烫】

7

将鸡脚撒上马铃薯淀粉，搅拌均匀，放入沸水中稍微氽烫，沥干水分。

8

在鸡胸肉上抹上盐、胡椒粉以及马铃薯淀粉腌渍，加入到沸水中煮 8 ~ 9 分钟后，沥干水分。

9

同样用盐、胡椒粉和马铃薯淀粉撒在鸡肝上腌渍，倒入沸水中煮 8~9 分钟后，沥干水分。

【拌炒】

10

热锅后重新倒油，倒入蒜头、姜等爆香。

11

把调味料加入锅中炒热。

12

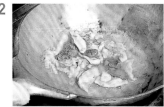

待调味料煮沸后，倒入事前氽烫好的鸡脚、鸡胸肉和鸡肝一起拌炒。

13

加入马铃薯淀粉勾芡以增加浓稠感，滴上葱油，让香味更浓郁。

14

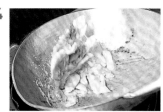

放上青葱，摇动炒锅，混合均匀即可。

第3章

创作——单品料理

由于鸡肉无特殊气味，且是一种易取得的食材，因此它无论是在日式、西式或中式料理中，都被广泛使用。

经过适当地分切和事前处理，接下来的料理手法就单看创意了。参照本书前述内容，读者已经可以烹煮出简单而别具风味的鸡肉料理。本章则着重讲述鸡腿、鸡胸肉、鸡柳、鸡绞肉、鸡翅、鸡皮和鸡内脏等不同部位的烹饪法，为各位读者介绍充满新意的原创鸡料理。

＊本章中有些鸡肉料理采用半熟处理，因民情与料理方式差异，建议改用全熟处理。

＊在第2、3章中，炸物用油或中式料理炒物用油如无特别指定，材料栏内会予以省略。

蒸鸡肉卷

（具体操作方法请参考第 124 页）

花椒锄烧鸡腿肉佐白芦笋、羽衣甘蓝

（具体操作方法请参考第 124 页）

日式龙田炸鸡块

（具体操作方法请参考第 125 页）

【 蒸鸡肉卷 】

内馅所使用的蔬菜，除了容易煮烂变形的之外，任何蔬菜都可使用；加入牛蒡是这道基本菜肴的固定做法。蒸煮过后再增加照烧或煎烤等料理手法，都能让美味升级。

- 鸡腿肉……300 克
- 盐……1 小匙
- 柚子芝麻……2 小匙
- 鸭儿芹……4 根
- 韭葱……1 根（15 厘米长）
- 豆角……3 根

酱汁（比例）
- 高汤……8
- 老抽……1
- 味啉……1
- 盐……少许
- 马铃薯淀粉……少许

- 薤白（野蒜）……2 根

* 柚子芝麻：
　　磨碎的柚子皮与半磨的白芝麻混合而成。

* 韭葱：
　　加热高汤，加入适量日式淡口酱油和砂糖调味，再将韭葱放入烫煮，让高汤吸收韭葱的味道。火力保持在不将韭葱煮烂即可。

* 薤白（野蒜）：
　　以沸水汆烫后备用。

1. 将鸡腿肉按统一厚度切摊开来，使鸡肉能均等地加热，并撒上少许盐。
2. 卷帘铺上保鲜膜，将鸡腿肉摊开，撒上柚子芝麻；放上炖煮过的韭葱、豆角及鸭儿芹作为内馅，将鸡腿肉卷起。
3. 移除卷帘，将保鲜膜两端扎实地绑紧，再以锡箔纸包裹后蒸煮 20 分钟左右，蒸煮完成取出后，无需拆去锡箔纸，直接放置冷却。
4. 制作酱汁。煮热高汤，加入老抽、味啉和盐调味，加入淀粉水勾芡以增加浓稠度。
5. 将步骤 3 的成品冷却后，分切盛盘，佐以薤白（野蒜）后淋上调好的酱汁。

（江崎新太郎）

【 花椒锄烧鸡腿肉佐白芦笋、羽衣甘蓝 】

这是一道有着甜甜辣辣口味的照烧鸡腿肉料理，味道浓郁，富有口感。除用了鸡肉以外，也搭配了许多蔬菜来平衡营养及色彩。所搭配的蔬菜需要依其不同特性，分别进行加热。

- 鸡腿肉……400 克

腌渍酱汁（比例）
- 老抽酱油……1
- 煮沸的味啉……2
- 煮沸的酒……1

- 生榨麻油……适量
- 白芦笋……3 根
- 羽衣甘蓝……适量
- 金针菇……适量
- 花椒粉……少许

- 花椒嫩叶……适量

* 白芦笋：
　　去皮后汆烫，放入凉的日式万用高汤内浸泡。日式万用高汤比例：高汤 1.5、日式淡口酱油 0.4、日本酒 0.5，将以上材料混合后煮滚制作而成。

* 羽衣甘蓝：
　　将羽衣甘蓝切成细丝，用加盐沸水烫煮至变软，以冰水冲洗。再以 400 毫升高汤混合 30 毫升日式淡口酱油、30 毫升味啉、1 小匙盐及 30 毫升日本酒等烫煮。

* 金针菇：

　　以沸水快速氽烫后，浸泡于凉的万用高汤内。

* 锄烧：

　　又称寿喜烧，因最初在锄头上烤肉而得名。

*羽衣甘蓝：原产于意大利，叶线呈卷曲状，常用于炖煮料理中。

---

　　1. 鸡腿肉每隔 3 厘米切块，混合腌渍酱汁的所有材料后，将鸡腿肉放入其中，腌渍 15 分钟左右。

　　2. 平底锅中倒入少许麻油，煎煮步骤 1 的鸡腿肉。若有烧焦的情况，需擦拭平底锅面，然后将腌渍酱汁倒入锅中，约至鸡腿肉高度的一半，反复浇淋酱汁进行加热。

　　3. 在步骤 2 的成品上撒上花椒粉。容器内铺上金针菇，放入锄烧鸡腿肉，佐以白芦笋及羽衣甘蓝。最上方放上花椒嫩叶。

（江崎新太郎）

【日式龙田炸鸡块】

　　将蛋清完全打发，以蛋清包裹鸡肉油炸而成酥炸鸡块。添加枫叶形状的麦麸，以比拟枫红季节时的龙田川景色。

・鸡腿肉……1 块

腌渍酱汁
・日本酒……50 毫升
・老抽酱油……25 毫升
・味啉……25 毫升

面衣
・蛋清……2 个
・马铃薯淀粉……3 大匙
・葱（切碎）……1 根

・马铃薯淀粉……适量
・芦笋、小茄子、枫叶状麦麸……各适量
・酢橘、碎花椒嫩叶……各适量

---

　　1. 将鸡腿肉切成一口大小，在腌渍酱汁内浸泡约 15 分钟。

　　2. 蘸上面衣。将蛋清完全打发，与淀粉及葱佐料混合搅拌。

　　3. 将步骤 1 的酱汁沥除，涂抹淀粉，蘸上厚蛋清面衣，以 165℃ 热油油炸。

　　4. 芦笋切为 4 ~ 5 厘米长的小段，小茄子切作茶筅状，与枫叶状麦麸一同沾裹淀粉，以 165℃ 热油油炸。

　　5、将炸鸡块与芦笋、小茄子及麦麸一同盛盘，佐以酢橘（酢橘可用金橘替代），并撒上碎花椒嫩叶。

　　*茶筅：洗茶具的竹帚。
　　*龙田川的红枫非常美且出名，而此道料理的成品色泽有如龙田川的美景，故以此命名。

（江崎新太郎）

1. 麻酱拌鸡腿肉与扇贝
（具体操作方法请参考第 128 页）

2. 烧鸡
（具体操作方法请参考第 128 页）

3. 炖煮鸡腿肉
（具体操作方法请参考第 129 页）

卤南瓜鸡肉佐牛蒡、油菜花及豌豆
（具体操作方法请参考第 130 页）

【 麻酱拌鸡腿肉与扇贝 】

这是一道用拌有芝麻酱汁的蔬菜，搭配鸡腿肉一起食用的料理。它所使用的鸡腿肉是以煎煮方式料理的，也可以用蒸煮的鸡肉。做起来简单，吃起来美味。

- 鸡腿肉……80 克
- 扇贝……4 个
- 生榨麻油……适量
- 番茄（切块）……适量
- 豆瓣菜……适量
- 水菜……适量
- 菠菜……适量
- 豆角……3 根

芝麻酱汁 适量
- 黑芝麻……300 克
- 砂糖…… 0.5 大匙
- 日式淡口酱油……5 毫升
- 高汤……50 毫升

幽庵地酱汁 少许（比例）
- 老抽……1
- 味啉……1
- 日本酒……1
- 柚子（切片）……数片
- 半磨芝麻粒……少许

* 叶菜类：
　　切为易入口的大小。豆角以沸水稍微氽烫后，切为适当的大小。

* 幽庵地酱汁是将味啉及日本酒煮沸至酒精挥发，再加入老抽及切片柚子制作而成。

1. 将鸡腿肉切为一口大小，以麻油煎煮至外皮呈淡茶色。
2. 在平底锅中倒入麻油加热，以大火快速煎烤扇贝两面，中间则使之维持生的状态。
3. 制作芝麻酱汁。将煎过的黑芝麻仔细研磨，加入砂糖、日式淡口酱油，再以高汤稀释调整口味浓淡。
4. 准备幽庵地酱汁，并将蔬菜与芝麻酱汁混合搅拌。
5. 盛装扇贝与鸡腿肉，再满满地放上拌有芝麻酱汁的蔬菜。
6. 淋上幽庵地酱汁，周围撒上半磨芝麻粒。

（江崎新太郎）

【 烧鸡 】

在中式料理中，常会将食材过油，而本道菜则直接以高温油炸，将鸡腿肉的肉汁锁于面衣内。

- 鸡腿肉……300 克

腌渍酱汁
- 高汤……200 毫升
- 日式淡口酱油……20 毫升
- 日本酒……20 毫升
- 麻油……数滴

面衣

- 鸡蛋……1 个
- 马铃薯淀粉……2 大匙
- 水……2 大匙

卤汁
- 高汤……180 毫升
- 老抽酱油……20 毫升
- 味啉……20 毫升
- 日本酒……10 毫升
- 蚝油……10 毫升

· 花椒果实（磨碎）……1 小匙
· 砂糖……1 小匙
· 舞菇……1/2 株
· 青辣椒……6 个

* 舞菇以沸水氽烫，并以万用高汤煮至入味。
* 青辣椒指不辣的辣椒品种。

1. 将鸡腿肉斜切成薄片，再将腌渍酱汁中所有材料混合，然后放入鸡腿肉，腌渍约30分钟。

2. 沾裹面衣。打散鸡蛋，加入淀粉、水混合，将步骤 1 的鸡肉裹上面衣，以 170℃热油油炸鸡腿肉，并同时油炸青辣椒（先以竹签刺洞）。

3. 将卤汁材料倒入锅内混合后加热，放入油炸的鸡腿肉进行烧煮，最后放入舞菇和炸青辣椒。

（江崎新太郎）

【 炖煮鸡腿肉 】

相较于鸡胸肉，鸡腿肉比较难以煮熟；若煮至全熟可能会使鸡肉过咸，因此通常会将鸡肉切成小块，并在短时间内完成烹煮，以保持其多汁的状态。

· 鸡腿肉……100 克
· 生榨麻油……适量

炖煮高汤 适量（比例）
· 味啉……2
· 高汤……1
· 老抽……1
· 日本酒……1.2

· 分葱（切段）……1/2 根
· 玉米笋……2 根
· 花椒粉……适量

* 分葱及玉米笋先放入加盐的沸水氽烫过备用。

1. 鸡腿肉切小块。

2. 锅内倒入麻油，拌炒鸡腿肉。待鸡肉炒至半熟时，将依比例混合的高汤倒入后炖煮 5 ~ 6 分钟。即将完成前加入氽烫过的分葱及玉米笋。

3. 盛盘，撒上花椒粉。

（江崎新太郎）

【卤南瓜鸡肉佐牛蒡、油菜花及豌豆】

油炸的鸡腿肉佐以清爽的日本野菜，特别是日本南瓜的绵密甘甜与鸡腿肉的浓醇美味非常搭配。若要享受炸鸡的酥脆口感，也可以不经过卤煮步骤直接盛盘。

- 鸡腿肉……400 克
- 盐……适量
- 马铃薯淀粉……适量

卤煮酱汁 适量
- 高汤……4
- 日本酒……2
- 味醂……2
- 老抽……1
- 砂糖……0.3

- 日本南瓜（切作弧形）……2 块
- 牛蒡条（中心挖空）……2 个
- 油菜花、豌豆荚……适量
- 柚子皮（磨取）……适量

* 日本南瓜：
　　无须经过氽烫，使用加有昆布及柴鱼片（以料理纸包裹）的高汤卤煮。

* 高汤材料：
　　1.4 升高汤兑上砂糖 1 大匙、10 毫升日式淡口酱油、10 毫升味醂、适量的昆布、以料理纸包裹的柴鱼片（依比例增减）。

* 牛蒡条（中心挖空）：
　　将分切为 2～3 厘米长的牛蒡煮软，以圆形挖空器去除中心部分完成牛蒡条，再用加入昆布及柴鱼片的万用高汤熬煮。

* 油菜花及豌豆荚则以沸水烫煮，再以冷水洗过、沥除水分，浸泡于凉的万用高汤直至入味。
* 柚子皮（磨取）：将有颜色的柚子表皮部分磨碎取用。

1. 将鸡腿肉切为一口大小并撒上盐，蘸上淀粉后，以 170℃热油油炸，再沥除多余油分。
2. 将卤煮酱汁的所有材料依比例混合后加热。
3. 将步骤 1 的成品与日本南瓜、牛蒡条、油菜花及豌豆荚一同盛盘，再浇淋适量的温热酱汁，最后磨取柚子皮并撒在菜上。

（江崎新太郎）

北非小米鸡肉饭

（具体操作方法请参考第 133 页）

炖烤油渍鸡腿肉

（具体操作方法请参考第 133 页）

炖煮油渍鸡腿肉

（具体操作方法请参考第134页）

【北非小米鸡肉饭】

煎至淡茶色的鸡腿肉与有大块蔬菜的高汤，再搭配上北非小米饭，一道经典的美味诞生了。按制作番茄风味清汤的要领完成。提味所使用的哈里萨辣酱则是此料理不可或缺的阿拉伯红辣椒酱。

· 带骨鸡腿肉……4 只
· 洋葱……100 克
· 胡萝卜……100 克
· 芜菁……150 克
· 栉瓜……120 克
· 红椒……1 个（大）
· 南瓜……150 克
· 鸡肉高汤……2 升
· 番茄糊……30 毫升
· 番红花……适量

· 北非小米饭（即食）……80 克
· 哈里萨辣酱……5 毫升
· 盐……适量
· 胡椒……适量
· 胡椒……适量
· 橄榄油……适量

* 北非小米：以硬质小麦粉制作而成，是北非一带的传统面食。

1. 将鸡腿肉由关节处分切为 2 块，撒上盐，然后静置一会儿。

2. 待鸡腿肉表面凝结出水滴后，在平底锅内倒入橄榄油，将鸡腿肉煎至淡茶色。

3. 依照喜好的大小及形状，将蔬菜切块。

4. 在锅内放入步骤 2 的鸡腿肉及鸡肉高汤、番茄糊后，开火加热。

5. 煮沸后捞出杂质，放入洋葱及胡萝卜炖煮 20 分钟。

6. 将炖煮汤汁取出，放至另一锅炖煮南瓜；另外，以北非小米 1.5 倍量的炖煮汤汁来熬煮小米饭。

7. 将番红花、哈里萨辣酱及剩下的蔬菜放入步骤 5 的锅内，再次开火加热煮至蔬菜松软后，加盐、胡椒调味。

8. 将北非小米饭盛入容器中，周围放上鸡腿肉及各种蔬菜，最后淋上步骤 7 的炖煮酱汁。

（谷昇）

【炖烤油渍鸡腿肉】

本料理经过烧烤、炖煮再烧烤的料理程序，可兼得炖煮及烧烤两种料理方式的不同风味。由于加入了少许浓醇的中式酱油，且佐以炒小油菜，是一道富有中式风味的料理。

· 鸡腿肉……1 块
· 波特葡萄酒（酒红色）……70 毫升
· 酱油……10 毫升
· 鸡澄清汤或鸡肉高汤……150 毫升（具体操作方法请参考第 42～44 页或第 79 页）
· 奶油……10 克
· 橄榄油……适量

· 盐……适量
· 奶油炒小油菜……适量

* 奶油炒小油菜：
将小油菜切成适当长度，以奶油拌炒，加盐、胡椒调味。

1. 将鸡腿肉切成适当大小，撒上盐，稍微静置至盐融化渗入鸡肉、表面凝结出水滴；平底锅倒入橄榄油，将鸡肉表面煎至淡茶色。

2. 锅内加入波特葡萄酒、酱油、鸡澄清汤（或鸡肉高汤）并开火加热后，加入奶油及煎好的鸡腿肉，炖煮至软烂为止。

3. 上桌前先将鸡腿肉取出，放置于烤架上，以直火烧烤。

4. 铺上奶油炒小油菜，盛放鸡腿肉，再浇淋上步骤 2 的炖煮高汤作为酱汁。

（谷昇）

【 炖煮油渍鸡腿肉 】

油渍鸡腿肉做法请参照本书第 86 页解说的油渍带骨鸡腿肉，以同样温度、同样时间制作。由于油渍料理最重要的就是咸度调整，因此诀窍在于以规定分量的盐涂抹于鸡肉上，静置一晚，让盐能充分浸入鸡肉，再以炒洋葱酱汁炖煮。

- 油渍鸡腿肉（无骨）……1 块（具体操作方法请参考第 86 ~ 87 页）
- 鸡腿肉……1 块
- 盐 ……鸡腿肉的 1.2%
- 固体、液体油脂 ……适量（固体、液体的比例：2:1）

酱汁
- 马德拉葡萄酒……50 毫升
- 干邑白兰地……20 毫升
- 炒洋葱酱汁……40 毫升（具体操作方法请参考第 84 页）
- 奶油……10 克

- 松露（切碎）……适量
- 盐……适量
- 砂糖……适量
- 胡椒……适量

- 糖渍胡萝卜……适量

* 糖渍胡萝卜：
　　胡萝卜削去外皮，切成厚圆片后放入锅中，倒入略盖过胡萝卜的水量，再加入适量奶油、砂糖及少许盐后开火加热。煮滚后关火加盖，置于室温下冷却。

1. 制作无骨油渍鸡腿肉。（具体操作方法请参考第 86 ~ 87 页）

2. 将鸡腿肉从油脂中取出，以平底锅将鸡皮煎至酥脆。

3. 制作酱汁。将马德拉葡萄酒、干邑白兰地倒入锅中，煮至稍微浓缩，加入炒洋葱酱汁，并加入少许盐及胡椒。

4. 将鸡腿肉加入酱汁中炖煮，之后将油渍鸡腿取出。酱汁内加入奶油，使其融化，再加入松露调整味道。

5. 盘中铺上糖渍胡萝卜，盛入油渍鸡腿肉，浇淋上酱汁即完成。

（谷昇）

1. 白酱炖煮鸡腿
（具体操作方法请参考第 137 页）

2. 酥炸鸡块搭配温热沙拉
（具体操作方法请参考第 137 页）

3. 鸡肉咖喱
（具体操作方法请参考第 138 页）

法式中国风鸡肉汤

（具体操作方法请参考第 139 页）

【白酱炖煮鸡腿】

白酱料理是使用白色高汤加入鲜奶油等，以纯白色彩上桌的菜肴，要注意所有食材都要避免煎煮上色。另外，由于鸡腿肉炖煮过久会导致肉质崩解，因此炖煮时间和程度要刚刚好。

- 鸡腿肉……1 块
- 洋葱（切 1 厘米见方的块）……50 克
- 奶油（拌炒鸡腿肉、洋葱用）……20 克
- 鸡肉高汤……100 毫升（具体操作方法请参考第 79 页）
- 鲜奶油……150 毫升
- 松露……适量
- 香芹（切碎）……适量
- 奶油……20 克

- 盐……适量

配菜
- 白芦笋……1 束
- 芜菁……1 颗（大）
- 菜花……3 ～ 4 小颗

＊配菜：削除白芦笋外皮，芜菁及菜花也分别切开后，以加盐沸水汆烫备用。

1. 将鸡腿肉切成适当大小，用盐涂抹，静置，大约至鸡肉表面稍微凝结出水滴较佳。
2. 平底锅中加入奶油使之融化，以小火煎煮鸡腿肉，要注意避免鸡肉上色。
3. 洋葱切 1 厘米见方的小块，同样用奶油小火慢慢拌炒，避免上色。
4. 将鸡腿肉加入步骤 3 的锅中，并倒入鸡肉高汤炖煮，鸡肉煮软后即可先取出。
5. 继续将步骤 4 的高汤熬煮浓缩，再加入鲜奶油持续熬煮后，加入松露及香芹，最后加入融化的奶油即完成。
6. 将先行取出的鸡腿肉放回锅中，与配菜一同温热。

（谷昇）

【酥炸鸡块搭配温热沙拉】

虽然原料只是一块常见的炸鸡块，但借由雪莉酒风味的炒洋葱酱汁，摇身一变就成了西式料理；洋葱稍微拌炒即可，要使之保有清脆的口感。

- 鸡腿肉……240 克
- 雪莉酒……100 毫升
- 马铃薯……100 克
- 洋葱……100 克
- 鸡胗……50 克
- 奶油……10 克
- 培根……20 克

酱汁
- 雪莉酒……50 毫升
- 炒洋葱酱汁……50 毫升（具体操作方法请参考第 84 页）

- 奶油……20 克
- 盐……适量
- 胡椒……适量

＊鸡胗需先清理干净（具体操作方法请参考第 20 ～ 21 页）

1. 用雪莉酒将鸡腿肉浸泡约 1 个小时。

2. 马铃薯切滚刀块、洋葱切月牙块、鸡胗剥除筋及薄膜后切开备用；培根切 2 毫米见方的小块。

3. 将鸡腿肉切成适当大小，抹盐，静置至表面凝结出水滴后，沾裹高筋面粉（材料外），以 170℃的热油炸至表面酥脆，将油分沥除。

4. 以中小火慢慢煎煮马铃薯；鸡胗以盐涂抹静置，然后以大火煎煮。

5. 平底锅内加入奶油，将培根炒脆，再放入洋葱轻轻拌炒，然后将煮熟的马铃薯及鸡胗倒入，一同拌炒均匀。

6. 制作酱汁。另起锅倒入雪莉酒煮全梢微浓缩，加入炒洋葱酱汁，最后加入融化的奶油提味并增加浓醇度，完成酱汁的制作。

7. 将酱汁加入步骤 5 的锅中，盛入盘中，再将炸鸡块放在上面，浇淋上剩余的酱汁。

【 鸡肉咖喱 】

长时间拌炒洋葱直至甜味完全释放，但要避免炒焦，洋葱黏稠的甘甜即为本道鸡肉咖喱美味的关键点。

- 鸡腿肉……2 块
- 盐……适量
- 花生油……适量
- 洋葱（切薄片）……260 克
- 红辣椒……4 个
- 咖喱粉……10 克

- 综合香料……5 克
- 丁香……1 克
- 小茴香……2 克
- 肉桂……2 克

- 胡卢巴……5 克
- 豆蔻……2 克
- 香菜……6 克
- 姜黄……2 克

- 鸡肉高汤……1 升（具体操作方法请参考第 79 页）
- 印度芒果酸甜酱……20 克

*综合香料：混合所有完整香料，以研磨机磨切为细粉末，使用 5 克。

---

1. 将鸡腿肉切成适当大小，涂抹上盐静置，盐分渗入后，在平底锅加入花生油，将鸡腿肉煎煮至淡茶色。

2. 锅内放入奶，待其融化后，直接加入红辣椒，拌炒至变黑为止。

3. 加入洋葱，慢慢地拌炒至茶色后，再加入咖喱粉、综合香料，炒出香味。

4. 加入鸡肉高汤熬煮，再加入步骤 1 的鸡腿肉炖煮至软烂，完成时加入印度芒果酸甜酱。

*印度芒果酸甜酱（Mango Chutney）：以芒果加入香料、醋、糖加工而成的特色酱料，适合搭配白肉料理。

（谷昇）

【 法式中国风鸡肉汤 】

虽然看起来是一款汤，但其分量充足，称得上是主菜料理。金华火腿是中式料理的高级食材，由于其味美且浓郁，所以几乎不需高汤，仅使用清水熬煮即可；但其咸味较重，要注意增加水量调整味道。由于综合了鸡肉和猪肉，所以这是一道口味相当浓醇的汤。

- 带骨鸡腿肉……2 只（300 克）
- 带骨猪脚……500 克
- 盐……适量
- 鸡澄清汤……500 毫升（具体操作方法请参考第 42 ~ 44 页）

- 水……2 升
- 雪莉酒……150 毫升
- 金华火腿……300 克
- 干虾……8 个
- 大葱……1/2 根

1. 准备蒸锅。鸡腿肉由关节处分切为两块，用盐涂抹鸡腿肉及猪脚，然后静置。

2. 将除大葱外的所有材料放入料理锅中，放入蒸锅内蒸煮 3 小时；若较咸则加水调整味道。

3. 可任意变换上桌形式，可以使用大容器盛装，也可以分别盛装单人分量。在此加上用直火炭烤过的大葱。

＊此道料理是以法式做法呈现的中式风味的料理。

（谷昇）

皮蛋鸡肉卷

（具体操作方法请参考第 142 页）

椒麻酱鸡腿肉

（具体操作方法请参考第 142 页）

鸡腿

鸡腿肉冻

（具体操作方法请参考第143页）

141

鸡腿

【 皮蛋鸡肉卷 】

也可以使用水煮胡萝卜或者水煮蛋的蛋黄等来替代皮蛋。

· 鸡腿肉……1 块
· 皮蛋（切为 8 等份，呈月牙形）……2 块
· 蛋清……15 毫升
· 盐……适量

· 胡椒粉……适量
· 日式水淀粉……1 小匙
· 麻油……数滴

1. 将鸡腿肉切为厚度为 5 毫米的薄片，撒上盐、胡椒粉。

2. 将切片完剩余的鸡肉剁细至绵密，加入蛋清、盐、胡椒粉充分搅拌出黏性，拌匀后加入水淀粉继续搅拌，最后滴入数滴麻油混合以增加食物香味。

3. 将分切的鸡腿肉铺在保鲜膜上方，鸡皮侧朝下，并展开，上方撒上适量的水淀粉（食谱记载的分量外）。

4. 铺上步骤 2 中的材料，厚度与鸡腿肉相同，再放入皮蛋，以皮蛋为中心卷起来。

5. 将空气排出，用保鲜膜紧紧地包起鸡肉卷，两侧卷起后，用橡皮圈等绑紧。

6. 用蒸锅蒸煮约 20 分钟后，直接冷却，再放入冰箱冷藏，使其凝固。

7. 直接在保鲜膜上将鸡肉卷分切为 1 厘米厚度的圆筒状，去除保鲜膜后即可盛盘。

（出口喜和）

【 椒麻酱鸡腿肉 】

椒麻酱是一种应用范围相当广泛的酱汁，与牛腱或者猪肉等凉拌前菜相当搭配。冷藏可保存约两周时间，一次制作之后保存好，以后能方便地取用。

· 蒸鸡腿肉……1 块

椒麻酱……适量（根据个人爱好）
· 青葱……1 束
· 姜……1 块
· 花椒……3 大匙

· 盐……适量
· 胡椒粉……适量
· 浓味酱油……少许
· 鸡高汤……适量（具体操作方法请参考第 70 页）
· 麻油……45 毫升

1. 蒸煮鸡腿肉。

2. 制作椒麻酱。先干煎花椒，再将花椒、青葱、姜一同剁至泥状后放入碗中，加入盐、胡椒，倒入浓味酱油，并以鸡汤稀释至合适口味，最后加入麻油即可。

3. 将蒸煮完成的鸡腿肉分切，淋上步骤 2 的椒麻酱。

（出口喜和）

【鸡腿肉冻】

过多的胶质会让肉冻凝固得过硬，凝固状态以手可以轻易捏碎的柔软程度，并可在口中溶解的口感为准。

- 鸡腿肉……1 块
- 鸡高汤……适量
- 长葱、姜（切大块）……适量
- 吉利丁粉……1.5 大匙

酱汁
- 长葱（切碎）……1/2 根
- 姜（切碎）……1/2 块

- 浓味酱油……45 毫升
- 醋……23 毫升
- 麻油……5 毫升
- 老酒……2.5 毫升

- 香菜茎……适量

*酱汁：将所有材料混合。

---

1. 鸡腿肉用沸水稍微余烫，去除血水。

2. 用加有长葱和姜的鸡高汤煮鸡腿肉。待鸡腿肉煮熟后，将长葱和姜捞出。取出 300 毫升鸡高汤，加入用水浸泡的吉利丁粉炖煮。

3. 将鸡腿肉切为一口大小，加入鸡汤，盛入容器内后放入冰箱冷藏，使之凝固。

4. 待肉冻凝固后，用手任意剥碎，盘中倒入酱汁，放上鸡腿肉冻，撒上切碎的香菜茎即可。

（出口喜和）

凉拌鸡肉佐小黄瓜酱

（具体操作方法请参考第 146 页）

煎鸡胸肉佐鲜果

（具体操作方法请参考第 146 页）

半熟炙鸡胸佐胡萝卜与酒酿葡萄干

（具体操作方法请参考第 147 页）

【 凉拌鸡肉佐小黄瓜酱 】

若鸡肉过分加热，口感会变得干涩，嚼之无味。因此要特别留意鸡肉的加热时间，可利用酒和鸡高汤蒸煮来引出肉质的美味，同时也可补充水分。

・鸡胸肉……300 克
・日本酒……适量

小黄瓜酱
・小黄瓜……1 根
・高汤……30 毫升
・醋……30 毫升

・砂糖……1 大匙
・浓味酱油……约 4 滴
・新鲜蔬菜（切段）……适量
・蚕豆……4 ~ 5 粒

* 蚕豆：从豆荚取出蚕豆，以沸水余烫，然后沥除水分，并剥掉外皮。

1. 用热水浇淋鸡胸肉，然后立即用冷水冲洗，洒上日本酒后蒸煮约 15 分钟，然后静置让其变凉。放入冰箱冷藏 15 分钟。

2. 制作小黄瓜酱。在小黄瓜表面涂抹盐，然后放在板子上搓揉，去除小黄瓜表面上的突起部分。再用清水冲洗，使用磨泥器将其磨碎。放入网筛内自然地过滤水分。

3. 将高汤、醋、砂糖和浓味酱油混合在一起，然后温热，待砂糖溶解后，从火源处移下来冷却。

4. 将做好的小黄瓜泥与步骤 3 中的材料混合起来，就成了小黄瓜酱。

5. 鸡肉冷却后切片。将新鲜蔬菜铺在碗内，放上鸡肉片，淋上小黄瓜酱并撒上蚕豆即可。

（江崎新太郎）

【 煎鸡胸肉佐鲜果 】

鸡肉不用盐、胡椒调味，而用水果强调风味。水果拌和三盆糖浆也可以用在甜点上。

・鸡胸肉……100 克
・生榨麻油……适量
・葡萄柚……4 个
・柳橙……3 个
・覆盆子……30 克

水果拌和三盆糖浆
・水……1 升
・葡萄柚……4 个分量的外皮

・柳橙……3 个分量的外皮
・柠檬……2 个分量的外皮
・胡椒薄荷……1 盒
・香菜荚……1/2 根
・和三盆糖……4 大匙

* 和三盆糖：以日本特殊品种的甘蔗所提炼而成，可以用砂糖代替。

1. 先制作水果拌和三盆糖浆。薄薄地削除葡萄柚、柳橙和柠檬的外皮，加水混合后开火加热。在即将沸腾前关火并过滤。趁热加入胡椒薄荷，盖上盖子静置 2~3 分钟，然后取出。加入和三盆糖让其溶解。最后加入香菜荚后，静置冷却。

2. 取出葡萄柚和柳橙的果肉，与覆盆子一同放入冷却的和三盆糖浆中浸泡一晚。

3. 将鸡胸肉切为一口大小，用麻油煎煮。

4. 取出 100 毫升的步骤 2 食材和三盆糖浆，与适量的葡萄柚、柳橙和覆盆子混合，然后开火加热，熬煮浓缩至 9 成糖浆为止。

5. 将煎过的鸡胸肉盛盘，浇淋上熬制的糖浆，并铺上水果即可。

（江崎新太郎）

【半熟炙鸡胸佐胡萝卜与酒酿葡萄干】

将鸡胸肉表面稍微煎煮，冷却后切成薄片，以此制作的冷盘料理；要使用新鲜的鸡肉，且要特别留意不要过度煎煮。胡萝卜则是用礤丝器将其礤为细丝使用。

- 鸡胸肉……30 克
- 胡萝卜……40 克
- 柳橙皮（切丝）……适量
- 盐……适量
- 橄榄油……适量

酒酿葡萄干……0.5 大匙
- 葡萄干……适量
- 朗姆酒……适量

· 法式油醋酱……适量

* 酒酿葡萄干：
　　将葡萄干浸泡在朗姆酒中腌渍，酒量以略盖过葡萄干为宜。

* 法式油醋酱：
　　橄榄油内加入白酒醋和盐搅拌，用来调味。

1. 在鸡胸肉上涂抹少许盐，暂时放入冰箱冷藏。
2. 平底锅中倒入橄榄油，稍微煎煮鸡胸肉表面，放置变凉后再放入冰箱冷藏，完成后切成薄片。
3. 胡萝卜切丝，倒入法式油醋酱一起搅拌。
4. 待胡萝卜丝软化后，加入柳橙皮、酒酿葡萄干和鸡胸肉，快速搅拌混合。
5. 满满地装盘，完成。

（谷昇）

松露风味白萝卜夹腌半熟薄鸡肉片
（具体操作方法请参考第 149 页）

鸡肉舒芙蕾
（具体操作方法请参考第 149 页）

腌渍半熟鸡胸肉

（具体操作方法请参考第 150 页）

薄切半熟鸡胸佐香草

（具体操作方法请参考第 150 页）

半熟鸡肉冷汤

（具体操作方法请参考第 151 页）

鸡肉浓汤

（具体操作方法请参考第 151 页）

【松露风味白萝卜夹腌半熟薄鸡肉片】

将鸡腿肉与白萝卜一起切薄片。将清淡的鸡腿肉与口味浓醇的橄榄油和松露等材料混合。这道料理是由本书后面所列举"腌渍半熟鸡胸肉"改良而成。

- 鸡胸肉……30克
- 白萝卜（切薄片）……3片
- 松露（切碎）……适量
- 特级冷压橄榄油……适量

- 柠檬汁……适量
- 盐……适量
- 胡椒……适量

1. 鸡胸肉以沸水快速汆烫，再以冷水冲洗，然后去除水分，切成薄片，撒上盐、胡椒。
2. 将白萝卜切成薄圆片，撒上少许盐。
3. 在盘中铺上一片白萝卜，在白萝卜上方摆上鸡胸肉，并涂抹上特级冷压橄榄油、松露和柠檬汁。
4. 将一片白萝卜放在步骤3的成品上，摆上鸡胸肉，涂抹上特级冷压橄榄油、松露和柠檬汁，再次放上一片白萝卜，将鸡胸肉摆成花的形状装饰在最上面。使用与白萝卜直径相同的圆盘漂亮地装盘。

（谷昇）

【鸡肉舒芙蕾】

先将鸡肉以200℃烤箱一口气烤至膨胀后，再将温度调至180℃，在内部烘烤完成。

- 鸡胸肉……120克（沥干过筛后80克）

白酱
- 高筋面粉……15克
- 融化奶油……15毫升
- 牛奶……100毫升

- 蛋黄……1/2颗

- 蛋清……120克
- 盐、胡椒……各适量
- 炸鸡皮……1块（具体操作方法请参考第97页）

*融化奶油：将奶油以小火隔水加热使之融化，取上方澄清的部分。

1. 制作白酱。将融化奶油放入锅内开火加热，撒入面粉拌炒，要避免炒焦，拌炒至水分蒸发后，逐量地加入牛奶煮至柔滑，沥干过筛备用。
2. 鸡胸肉以料理机搅拌柔滑后过筛。将温热的白酱一点点地、慢慢地加入鸡胸肉泥内混合搅拌，以盐、胡椒调整味道，再加入蛋黄充分搅拌。
3. 蛋清中加入少许盐，充分地打发。
4. 将打发蛋清的1/3量加入步骤2的成品中，充分搅拌调和，再加入剩余的蛋清轻轻搅拌。
5. 在舒芙蕾模型里涂上奶油（材料外），撒上面粉（材料外），将步骤4的成品倒至九分满，放入烤箱，以200℃烧烤10分钟，再调至180℃烧烤5分钟；佐以炸鸡皮并尽快上桌食用。

（谷昇）

【 腌渍半熟鸡胸肉 】

这道料理的必要条件就是使用新鲜的鸡胸肉，如果过度加热，就会丧失其最大的优点。由于鸡胸肉无腥味，所以无论哪种调味酱料或蘸酱都能恰到好处地搭配。

- 鸡胸肉（去皮）……1 块
- 盐……适量
- 胡椒……适量
- 洋葱（切薄片）……50 克
- 酸角（切碎）……20 粒
- 茴香（切碎）……1 小匙
- 特级冷压橄榄油……30 毫升
- 柠檬……适量
- 茴香叶……适量

---

1. 鸡胸肉以沸水快速汆烫，再以冷水冲洗，然后去除水分，切成薄片。
2. 洋葱切薄片，撒上盐并充分揉搓，再以流动的清水冲洗，用厨房纸巾仔细地去除水分。
3. 在洋葱、酸角及茴香内加入特级冷压橄榄油，并以盐、胡椒调味。
4. 将鸡胸肉加入步骤 3 的食材中轻轻搅拌，最后加入切成薄片的柠檬。
5. 盛装腌渍鸡胸肉，周围用切成半月形的柠檬片装饰，并佐以茴香叶，将步骤 3 中剩余的少许酱汁淋于四周。

（谷昇）

【 薄切半熟鸡胸佐香草 】

因鸡胸肉全熟会令其口感变得干硬，所以这道料理的鸡胸肉选择半烧方式料理，将表面快速汆烫、使中间半熟，保持鸡肉入口即烂的新鲜口感。由于鸡肉无腥味，所以这也是一道能突显香草清爽香气的菜肴，鸡柳也可以用同样方式料理。

- 鸡胸肉……20 克
- 细叶香芹、莳萝、龙蒿
- 橄榄油……适量
- 蒜味橄榄油……适量
- 盐……适量
- 胡椒……适量

* 香草酱汁：将所有香草材料以菜刀切碎切细，注意若用果汁机绞碎的话会因热度而产生苦味。

---

1. 将鸡胸肉以沸水快速汆烫，再以冷水冲洗，沥干水分后切成薄片。
2. 准备喜欢的香草类材料。取 1/3 分量切细切碎，以蒜味橄榄油混合搅拌后过筛，即完成香草酱汁。
3. 剩余的香草则适量摘取些叶片。
4. 取适量香草酱汁涂于盘中，盛放上鸡胸肉切成薄片。
5. 以剩余香草酱汁与蒜味橄榄油轻拌摘取的香草叶，再用盐、胡椒调味。
6. 成品浇淋步骤 5 的酱汁，撒上龙蒿等配菜即完成。

（谷昇）

【半熟鸡肉冷汤】

温热的炙烤鸡肉搭配上冷的鸡澄清汤。因为这是一道冷料理，所以鸡澄清汤以重咸味为佳。

· 鸡胸肉……15 克
· 鸡澄清汤……120 毫升（具体操作方法请参考第 42 ~ 44 页）

· 盐……适量
· 胡椒粉……适量
· 松露（切丝）……适量

1. 鸡澄清汤加盐调味，冷却使之成为凝冻状。
2. 鸡胸肉分切为两块，并以能将纤维切断的角度斜切薄片。
3. 将鸡胸肉片以竹签穿刺，撒上盐、胡椒粉后快速炙烤。
4. 将步骤 1 的鸡汤冻压碎装盘，撒上松露丝，放上炙烤鸡胸肉。

（谷昇）

【鸡肉浓汤】

奶油浓汤即指口感如丝绒般柔滑的汤，即便是较粗质的材料也要熬煮至完全绵柔滑顺。

· 鸡胸肉……40 克
· 洋葱（切薄片）……50 克
· 胡萝卜（切丝）……50 克
· 芹菜（切丝）……20 克
· 奶油……20 克

奶油白酱
· 无盐奶油……20 克

· 高筋面粉……20 克
· 鸡肉高汤……400 毫升
· 鲜奶油……50 毫升
· 牛奶……50 毫升
· 盐……适量

· 松露（切丝）……适量
· 香芹（切碎）……适量

1. 锅中加入奶油，以小火拌炒洋葱、胡萝卜、芹菜至变软为止。
2. 将鸡胸肉斜切薄片。
3. 制作奶油浓汤。将无盐奶油化开后，拌炒高筋面粉，制作面糊。
4. 温热鸡肉高汤，分次少量加入面糊中，完成柔滑的奶油白酱。
5. 加入鲜奶油、牛奶，并用盐调味后过筛。
6. 将拌炒的青菜与鸡胸肉片加入汤锅中温热，盛装后撒上松露丝和香芹。

（谷昇）

煎鸡肉佐香草风味白酒酱汁

（具体操作方法请参考第 154 页）

青辣椒拌鸡丝

（具体操作方法请参考第 154 页）

龙须鸡丝

（具体操作方法请参考第 155 页）

龙井鸡片

（具体操作方法请参考第 155 页）

冬瓜鸡肉汤

（具体操作方法请参考第 156 页）

【 煎鸡肉佐香草风味白酒酱汁 】

只将有鸡皮的一侧放在平底锅上煎烤，煎至鸡皮酥脆、中间半熟呈玫瑰色。若加热过度，鸡肉会变得干涩，难以下咽。

- 鸡胸肉⋯⋯1 块

白酒酱汁
- 茴香酒（pernod）⋯⋯100 毫升
- 白酒醋⋯⋯25 毫升
- 鸡肉高汤⋯⋯100 毫升
- 香草荚⋯⋯1/4 根

- 奶油⋯⋯20 克
- 盐⋯⋯适量
- 胡椒粉⋯⋯适量

- 炒菠菜（具体操作方法请参考第 84 页）
- 盐⋯⋯适量
- 橄榄油⋯⋯适量

1. 鸡胸肉撒上盐，静置至表面渗出水滴，然后将其放入倒有橄榄油的平底锅煎烤，并保持有鸡皮的一侧接触锅底，要在平底锅变热前放入开始煎烤，鸡胸上面部分则以周围的热油浇淋，加热至五分熟的状态即可。

2. 制作白酒酱汁。锅中倒入茴香酒，熬煮浓缩至表面变得如镜面一般有光泽后，再加入白酒醋、鸡肉高汤、纵切半剖的香草荚后继续熬煮。

3. 熬煮浓缩至约 1 大匙分量后，加入奶油至其融化，以盐、胡椒调味。

4. 盘中铺上炒菠菜，将鸡胸肉切薄片后放入，淋上酱汁再以香草荚作装饰。

（谷昇）

【 青辣椒拌鸡丝 】

将鸡胸肉沾裹面衣，然后水煮。若没有沾裹面衣，鸡肉容易干涩，且以冷水冲洗时会变得水水的。

- 鸡胸肉⋯⋯40 克
- 蛋清⋯⋯适量
- 马铃薯淀粉⋯⋯适量
- 盐⋯⋯适量
- 胡椒⋯⋯适量
- 青辣椒（切丝）⋯⋯8 个
- 小黄瓜（切丝）⋯⋯1 根

- 红椒（切丝）⋯⋯少许
- 香菜⋯⋯适量
- 盐⋯⋯0.5 小匙
- 胡椒⋯⋯少许
- 麻油⋯⋯3 毫升
- 辣油⋯⋯适量

1. 将鸡胸肉斜切成薄片。打散蛋清，与马铃薯淀粉、盐、胡椒混合搅拌成面衣，将鸡胸肉沾裹上面衣后，用沸水汆烫；汆烫完成后，以冷水冲洗降温，再沥干水分切条。

2. 将蔬菜分别切丝，香菜则大致切碎。

3. 将鸡胸肉与蔬菜用盐、胡椒、麻油混合搅拌后盛盘，盘子周围淋上辣油。

（谷昇）

【龙须鸡丝】

此道料理如同鱿鱼般充满弹性，口感只可意味不可言传。因为外观看起来像是龙的胡须，故以此命名，而龙须为名的料理原本是以牛里脊为材料。由于加入了三温糖，所以烹饪时动作要迅速，以免煳锅。

- 鸡胸肉……400 克
- 鸡高汤……适量
- 大葱……适量
- 姜（切段）……适量
- 花椒……适量
- 广东米酒（或甘口日本清酒）……适量

调味料
- 绍兴酒……5 毫升
- 老抽……10 毫升

- 三温糖（可用红糖代替）……0.5 小匙
- 麻油……2.5 毫升
- 辣油……2.5 毫升
- 红辣椒粉……适量

- 豆瓣酱……1.5 小匙
- 大葱（切碎）……1.5 小匙
- 姜（切碎）……1.5 小匙
- 香菜……适量

1. 将鸡胸肉放入加有大葱、姜、花椒的鸡高汤内，蒸煮约 15 分钟；待鸡胸肉冷却后，用手撕成细丝。

2. 将鸡丝放入锅中干煎，去除其水分。

3. 将鸡丝均匀地放入容器中，洒上广东米酒，于通风良好处放置约半天，进行风干。

4. 以 150℃热油油炸。待干缩的鸡丝膨胀后取出，并沥干油分。

5. 起另一油锅，加入大葱、姜、豆瓣酱拌炒，香气出来后，放入步骤 4 中成品一同拌炒，再加入除了三温糖之外的所有调味料，待锅内材料炒干后，加入三温糖，让肉的表面附着一层脆脆的外衣。

6. 盛盘，撒上香菜。

（谷昇）

【龙井鸡片】

适合食用于菜肴之间，以消除味道。这是使用中国茶的一道清爽料理，也可以使用鸡柳。

- 鸡胸肉……1 块半大小（600 克）
- 蛋清……适量
- 盐……适量
- 胡椒粉……适量

- 马铃薯淀粉……适量
- 鸡高汤……适量
- 龙井茶叶 ……1 大匙
- 盐…… 2/3 小匙

1. 去除鸡胸肉的筋及薄膜后对切，沿着纤维斜切薄片。

2. 打散蛋清，混合盐、胡椒、淀粉后，涂抹于鸡胸肉上，以鸡高汤或沸水烫煮至 8 ~ 9 分熟的程度，沥干水分。

3. 加热 250 毫升的水至沸腾后，从火源移除，加入龙井茶叶后取出茶水，加入 2/3 小匙盐，放入鸡胸肉后直接静置，以余热使鸡肉全熟。

4. 趁温热时上桌。

（出口喜和）

【冬瓜鸡肉汤】

这是一道冬瓜搭配干贝柱的料理。可作为前菜料理，冬瓜也可替换成白萝卜。

・鸡胸肉……180 克
・冬瓜……1 块（350 克）

蒸煮高汤
・鸡高汤……适量
・干贝柱……适量
・盐……适量

・草菇（水煮）……8 个
・大葱（切碎）……0.5 小匙
・姜（切碎）……0.5 小匙
・蛋清……90 毫升
・盐……适量
・胡椒……适量
・淀粉水……适量
・香菜……适量

1. 冬瓜削皮，然后切成一块 350 克左右的四边形，以沸水汆烫。
2. 将所有蒸煮高汤材料综合放入料理锅中，加入冬瓜蒸煮约 15 分钟。
3. 将冬瓜中间挖空。
4. 将一半分量的鸡胸肉以果汁机绞碎，剩余一半则用菜刀剁碎，先将两者混合，再将草菇、大葱、姜、蛋清、盐及胡椒与肉馅混合填入步骤 3 的冬瓜。
5. 将步骤 4 填好的冬瓜放回蒸煮高汤的蒸锅中，蒸煮 12 ~ 13 分钟。
6. 在蒸煮高汤中加入淀粉水，增添浓稠度，浇淋在冬瓜上，撒上香菜即可食用。

（谷昇）

鸡肉茶碗蒸

（具体操作方法请参考第 159 页）

1. 鸡肉杂饮（鸡肉粥）
（具体操作方法请参考第 159 页）

2. 半熟鸡肉卷山药
（具体操作方法请参考第 160 页）

3. 醉鸡佐梅肉
（具体操作方法请参考第 160 页）

【鸡肉茶碗蒸】

茶碗蒸料理的重点在于材料的事前处理与蒸蛋液时的火力调整。制作高汤含量高、清爽口味的茶碗蒸时，宜使用柔软且脂肪少的鸡柳，鸡柳只需沾上日本酒，借由日本酒来提升风味，酒也能消除鸡柳少许的生腥味。本料理也可以用鸡胸肉替代鸡柳。

- 鸡柳……1 条
- 日本酒……适量
- 扇贝……1 个
- 青豆……5 粒

蛋液……（3~4 份茶碗蒸的分量）
- 鸡蛋……2 个
- 鸡高汤 400 毫升（具体操作方法请参考第 70 页）

芡汁（比例）
- 高汤……15
- 日式淡口酱油……1
- 味醂……1
- 马铃薯淀粉……少许

- 盐渍鲑鱼卵

1. 鸡柳斜切为 4 等份，浸泡在日本酒中。
2. 将扇贝串起，以直火快速炙烤表面，切为 1 厘米见方的方块。
3. 烫煮青豆并浸泡于高汤中。
4. 制作蛋液。打散两个鸡蛋，倒入冷的鸡高汤充分搅拌，用网筛过滤。
5. 容器内放入鸡柳、扇贝、青豆等，再倒入蛋液。
6. 用大火蒸煮 3 分钟后，再调为中火蒸煮 17 分钟。
7. 制作芡汁。温热高汤，加入日式淡口酱油、味醂等一同煮沸，再加入水淀粉增加浓稠感。
8. 将盐渍鲑鱼卵放在蒸煮完成的茶碗蒸上，加盖温热后，淋上芡汁即可。

（江崎新太郎）

【鸡肉杂饮（鸡肉粥）】

鸡柳脂肪含量较少、口味清爽，最适合作为料理的最后一道菜。但是要注意一点，鸡柳若是过分加热，肉质会变得干涩，影响吃时的口感。

- 鸡柳……80 克
- 日本酒……适量
- 米饭（煮为较硬口感）……1/2 茶碗

高汤
- 鸡高汤……200 毫升（具体操作方法请参考第 70 页）
- 日式淡口酱油……15 毫升

- 盐……0.5 小匙
- 日本酒……20 毫升

- 鸭儿芹（切段）……适量
- 香菇（切薄片）……1 个
- 鹌鹑蛋……1 个
- 海苔丝……适量
- 姜泥……适量

1. 鸡柳涂抹日本酒后蒸煮，注意不要过度加热，切为一口大小。
2. 用水冲洗米饭，以去除饭的黏稠感，再沥除水分。
3. 制作高汤。加热鸡高汤并加入调味料，在此加入米饭和香菇、鸡柳、鸭儿芹温热。
4. 盛装后打入鹌鹑蛋，放入一些海苔丝和姜泥。

（江崎新太郎）

【半熟鸡肉卷山药】

这是一道可取代生鸡肉的一品料理。快速地以火烧烤鸡肉表面,中间卷入富有嚼劲的山药,突显出两种不同的口感。

- 鸡柳……2条
- 山药(切丝)……适量
- 稀释酱油(高汤1、老抽1)……适量

- 芦笋……2根
- 海带芽……适量
- 紫苏花穗、紫苏芽、山葵泥……各适量

1. 在鸡柳中间划上刀痕,薄薄地切开;若是鸡肉较厚,则可对半切开。

2. 倒入沸水氽烫鸡肉表面,待表面全部变白后立即取出,以冰水冲洗降温,接着将切口向下,铺于网筛上沥干水分。

3. 将山药放于中间作为芯卷起,两端切齐后盛盘;放上烫煮的芦笋及海带芽,并添上紫苏花穗、紫苏芽及山葵泥。

4. 淋上稀释酱油。

(江崎新太郎)

【醉鸡佐梅肉】

将肉质柔软却容易变干涩的鸡柳沾裹上许多淀粉快速烫煮,使其完成时肉质仍软嫩多汁。立即将烫煮完的鸡柳用冰块水冲洗降温便是美味的关键。用山葵酱油取代梅肉也会相当美味。

- 鸡柳……2条
- 日本酒……50毫升
- 盐……0.5小匙
- 马铃薯淀粉……适量

梅肉
- 梅干(大颗)……5颗

- 日式淡口酱油……3滴
- 高汤……适量
- 麻油……2滴
- 分葱……适量

*分葱:以沸水快速氽烫后备用。

1. 将鸡柳斜切薄片,切成一口大小;日本酒加盐混合,再放入鸡柳搅拌均匀。

2. 放在网筛上沥干水分后,充分沾裹淀粉。

3. 将水煮沸,将步骤2的鸡柳放入沸水中烫煮2分钟后取出,立即以冰块水冲洗,冷却后再次放于网筛上沥干水分。

4. 制作梅肉。梅干过筛压泥,加入其他调味料混合搅拌。

5. 将冰块放入盘中,盛入步骤3的鸡柳,放上梅肉和分葱。

(江崎新太郎)

1. 炸黑芝麻鸡柳
（具体操作方法请参考第 163 页）

2. 糖醋鸡肉
（具体操作方法请参考第 163 页）

3. 什锦炒鸡柳
（具体操作方法请参考第 164 页）

中国风味半熟鸡柳

（具体操作方法请参考第 164 页）

【炸黑芝麻鸡柳】

用鸡柳取代虾泥使用。也可以不将鸡柳泥摊平，而是将肉泥搓为丸子状裹上切为 5 厘米见方的方块吐司面包，直接油炸。

- 鸡柳……5 条 （400 克）
- 薄片吐司……1 片
- 蛋清……100 毫升
- 盐……适量
- 马铃薯淀粉……适量

- 胡椒……适量
- 麻油……适量
- 黑芝麻……适量
- 莴苣……适量

1. 去除鸡柳的筋和薄膜。与蛋清、盐、胡椒一起用食物搅拌器搅拌成泥状，再加入马铃薯淀粉和麻油混合。
2. 薄片吐司单面撒上马铃薯淀粉，用抹刀将步骤 1 的鸡肉泥涂抹在薄片吐司上。
3. 在其上撒上满满的黑芝麻。
4. 用 140~150℃热油慢慢油炸，最后以 170℃热油炸脆后沥除油分。
5. 适当地分切并趁热上桌。

（出口喜和）

【糖醋鸡肉】

以酸甜酱汁勾芡，是糖醋猪肉的惯用手法。本道料理将做个改进，用清爽的鸡柳代替，切大块烹煮，一道别有风味的糖醋鸡肉元气料理即横空出世。

- 鸡柳……5 条（400 克）
- 蛋清……适量
- 盐……适量
- 胡椒……适量
- 马铃薯淀粉……适量

调味料
- 老酒……30 毫升
- 浓味酱油……75 毫升
- 水……100 毫升

- 黑醋……15 毫升
- 白醋……30 毫升
- 三温糖（或用红糖）……3.5 大匙
- 中式酱油……8 毫升
- 麻油……5 毫升
- 蒜（切薄片）……1 瓣
- 姜（切薄片）……1 块
- 水淀粉……适量
- 葱白（切丝）……适量
- 红辣椒（切丝）……适量

1. 去除鸡柳筋和薄膜后，对半切，再斜切成两块。
2. 打散蛋清，加入盐、胡椒和马铃薯淀粉混合，涂抹在鸡柳上。
3. 将鸡柳放入 160℃的热油中，慢慢将温度调整到 170℃油炸。
4. 制作酱汁。锅中倒油后拌炒蒜、姜，炒香后将调味材料倒入加热，再加入马铃薯淀粉水勾芡，然后放入炸好的鸡柳轻轻搅拌。
5. 盛盘，放入葱白和红辣椒即可。

（出口喜和）

【什锦炒鸡柳】

此料理也可以加入榨菜等材料。如果放入冰箱冷藏，可以保存 1 周以上，适合作为常备菜肴，即使凉了，尝起来仍相当美味。

- 鸡柳……3 条
- 蛋清……适量
- 盐……适量
- 胡椒……适量
- 淀粉……适量
- 大豆油……适量
- 黄花菜（泡发）……25 克
- 香菇（切半）……4 个
- 青辣椒（斜切）……5 根
- 大葱（切段）……1/2 根
- 姜（切薄片）……1/2 块

- 八角……1 个

调味料
- 老酒……15 毫升
- 老抽……60 毫升
- 鸡高汤……少许（具体操作方法请参考第 70 页）
- 黑醋……15 毫升
- 白醋……15 毫升
- 三温糖（或用红糖）……0.5 小匙
- 麻油……3 毫升

1. 去除鸡柳的筋及薄膜，切为长条状。

2. 打散蛋清，与盐、胡椒、淀粉及大豆油混合，涂抹于鸡柳上，放入 140℃热油内，慢慢调整油温至 170℃油炸。

3. 锅内倒油，炒香大葱、姜、八角，接着放青辣椒、香菇及黄花菜拌炒，再加入步骤 2 的鸡柳，倒入调味料拌煮，最后淋上约 3 毫升的麻油提香气即可。

4. 常温下冷却降温后，冷藏于冰箱一晚放置入味，隔天食用，即使凉了也一样好吃。

（出口喜和）

【中国风味半熟鸡柳】

也可使用半熟牛肉或是鲷鱼、石鲷等清淡口味的生鱼片代替，仅搭配酱汁即可，酱汁也可依喜好加入煮沸的老酒。

- 鸡柳……400 克
- 鸡高汤……适量
- 薤白（野蒜，切薄片）……适量
- 花生（稍微压碎）……适量
- 小黄瓜（切丝）……适量
- 红椒（切丝）……适量
- 葱白（切丝）……适量
- 姜（切丝）……适量

酱汁
- 老抽……60 毫升
- 醋……23 毫升
- 麻油……10 毫升

*将酱汁所有材料混合，充分搅拌。

1. 去除鸡柳的筋及薄膜，再以鸡高汤快速烫煮至表面全部变白后，立即冷却降温。

2. 对半切开，斜切成薄片。

3. 盘中铺上葱白及红辣椒，盛上鸡柳按对角线在周围放上薤白、花生及小黄瓜，让两侧看起来对称。最上方放上姜并淋上酱汁。

（出口喜和）

百合根鸡绞肉饼

（具体操作方法请参考第 165 页）

鸡松饭与红味噌鸡肉丸汤

（具体操作方法请参考第 166 页）

【百合根鸡绞肉饼】

　　鸡绞肉所沾裹的煎饼碎，是从专卖店特别订做的素烧煎饼。为了上桌时能保有煎饼香气，只需短时间油炸即可。

填料（35 个分量）
· 鸡绞肉⋯⋯250 克
· 鸡腿肉⋯⋯250 克
· 鸡胸肉⋯⋯250 克
· 鸡蛋⋯⋯1 个
· 生榨麻油⋯⋯适量
· 浓味酱油⋯⋯35 毫升
· 盐⋯⋯2 小匙
· 味啉⋯⋯35 毫升
· 日本酒⋯⋯35 毫升

面衣（比例）
· 百合根（过筛）⋯⋯7
· 山药（磨泥）⋯⋯3

· 马铃薯淀粉⋯⋯适量
· 蛋清⋯⋯适量
· 素烧煎饼⋯⋯适量

芡汁（比例）
· 高汤⋯⋯15
· 日式淡口酱油⋯⋯0.1
· 味啉⋯⋯1
· 葛粉⋯⋯适量
· 菠菜⋯⋯适量

* 菠菜：用加盐的沸水氽烫，然后用水冲洗，沥干水分，浸泡在冷的鸡高汤中。
* 葛粉又称葛根粉，是由葛根所提炼的淀粉。

1. 制作填料。用生榨麻油拌炒鸡绞肉并加入日本酒，再分别加入剩余调味料拌炒。鸡绞肉炒熟后，加入打散的鸡蛋液炒均，保持湿润状态。

2. 制作面衣。将百合根剥开，去出脏污部分，然后蒸煮，蒸煮完成之后过筛，再与山药泥混合。

3. 将步骤 2 的面衣分为每个 50 克并压平，填塞填料后搓成丸子状。

4. 撒上马铃薯淀粉，并裹上蛋清后，沾上粗略剥碎的素烧煎饼。

5. 为了保持煎饼的香气，用 170℃热油油炸 1 分钟左右即可。

（江崎新太郎）

【鸡松饭与红味噌鸡肉丸汤】

是使用鸡绞肉制作的饭和味噌汤。鸡绞肉是由鸡腿肉和鸡胸肉对半混合而成，味道清爽却也相当浓郁。渍菜则是米麴浸泡的白萝卜、小黄瓜、芹菜、小西红柿和蚕豆。

鸡松饭
- 米饭……适量
- 鸡绞肉……100 克
- 舞茸……1 大朵
- 鸡高汤……180 毫升
- 日式淡口酱油……6 毫升
- 盐……1 小匙
- 味啉……6 毫升
- 日本酒……10 毫升
- 昆布……3 厘米块

- 水煮蛋……适量

红味噌鸡肉丸汤
- 鸡肉丸……1 个（具体操作方法请参考第 71 页）
- 鸡高汤……90 毫升
- 柴鱼高汤……90 毫升
- 八丁味噌……15 克
- 白味噌……30 克
- 花椒粉……少许

鸡松饭

1. 将米洗净后沥除水分，静置 30 分钟。

2. 将米放入电饭锅，倒入鸡高汤，加入日式淡口酱油、盐、味啉、日本酒、昆布，再放入鸡绞肉和快速汆烫过的舞茸一起同煮。

3. 饭上加一个鸡蛋煮 5 分钟，淋上少许酱油（食谱分量外）即完成。

红味噌鸡肉丸汤

1. 蒸煮准备好的鸡肉丸。

2. 将同量的鸡高汤和柴鱼高汤混合加热，加入八丁味噌和白味噌，使之溶解并调整味道，再放入备好的鸡肉丸。

3. 撒上花椒粉增加香味。

（江崎新太郎）

鸡肉派
（具体操作方法请参考第 167 页）

鸡肉香肠
（具体操作方法请参考第 168 页）

【鸡肉派】

　　鸡肉派是将派皮整理成树叶形状包裹填料，轻烤至微焦，切开瞬间所飘散出的香气是这道料理的魅力所在。为了保持鸡肉派的内部能够熟透，料理中途需要降低烤箱温度慢慢地烤。

填料
· 鸡绞肉……40 克
· 猪绞肉……40 克
· 鹅肝（切正方块）……20 克
· 松子……10 粒
· 松露（切碎）……适量
· 综合香料……适量
· 盐……适量
· 胡椒……适量
· 派皮……100 克
· 蛋液……适量

酱汁
· 炒洋葱酱汁……40 毫升（具体操作方法请

参考第 84 页）
· 马德拉葡萄酒……20 毫升
· 奶油……10 克
· 松露（切碎）……适量
· 炒菠菜和酒杯菇……各适量

* 派皮：
　　市场售卖的派皮即可。在此适用 2 ~ 3 毫米厚度的派皮。

* 炒菠菜和酒杯菇：菠菜只使用菜叶部分，用奶油拌炒，再用盐调味。酒杯菇先去除菇蒂并仔细清洗干净，然后沥干水分。再用奶油拌炒、加盐调味。

1. 制作填料。将鹅肝以外的材料混合并充分搅拌。

2. 中心放入鹅肝，用步骤1成品包裹起来做成丸子状。

3. 将派皮切成边长为12厘米的正方形，一块鸡肉派需要2片派皮。一片铺在底部，将绞肉丸放上后，盖上另一片派皮，将填料周边派皮紧紧地压一下，让其黏仕，并排出其中的空气。

4. 放入冰箱冷藏使派皮醒面，完成后直接将派取出来。

5. 在派皮上涂上薄薄一层蛋液，使表面光亮并用菜刀划上放射状的浅刀痕，用200℃烤箱烤10分钟，然后再调整温度至120℃，再烤15分钟。

6. 制作酱汁。锅中放入马德拉葡萄酒，慢慢地熬煮浓缩至其呈镜面状态。再加入炒洋葱酱后继续熬煮浓缩；加入松露并溶解奶油，增加浓稠度。

7. 盘中铺上炒菠菜和炒酒杯菇，再放上鸡肉派，周围淋上酱汁。

（谷昇）

【鸡肉香肠】

为了让绞肉有足够黏性，需要一边加冰块，一边搓揉鸡绞肉，增加其黏度。香肠除烧烤外，也可以水煮食用，或者水煮后再烧烤再食用。

鸡肉香肠内馅
- 鸡胸肉或鸡腿肉（不含鸡皮）……240克
- 猪背脂……180克
- 油渍鸡腿肉……50克（具体操作方法请参考第86～87页）
- 盐……5克（与肉比例为1.1%）
- 胡椒……少许（与肉比例为0.11%）
- 蒜（磨泥）……1瓣
- 综合香料……适量

- 猪肠（膜）……适量
- 炒洋葱酱汁……适量（具体操作方法请参考第84页）
- 法式马铃薯……适量（具体操作方法请参考第86页）

* 猪肠的事前处理：由于是腌渍品，要用清水冲洗数次，以去除盐分。

1. 将鸡胸肉或鸡腿肉与猪背脂混合搅拌。

2. 将油渍鸡腿肉切成5毫米见方的小块。

3. 将香肠内馅材料放入料理钵中，加入冰块充分搅拌，以增加其黏性。

4. 将步骤3成品装填入猪肠中，在适当的长度处扭转分节或是用细线打结。为了避免破裂，用针穿刺香肠整体，且使用香肠专用的装填器较佳。

5. 用90℃热水汆烫香肠约20分钟。

6. 沥干水分后，分切为单根。用平底锅煎酥表面。

7. 盘中淋炒洋葱酱汁，盛放香肠，佐以法式马铃薯即可。

（谷昇）

烤填馅鸡翅

（具体操作方法请参考第 172 页）

煎鸡皮拌山葵叶

（具体操作方法请参考第 172 页）

鸡皮拌芹菜

（具体操作方法请参考第 173 页）

蛋皮卷生菜烟熏鸡皮

（具体操作方法请参考第173页）

【烤填馅鸡翅】

塞入过多填料或者烤箱温度过高都有可能会导致这道料理破损，因此要特别注意这两点。填料可以使用饺子内馅、香肠内陷或扇贝、虾等，或者是烧麦内馅。

· 鸡翅……7 只

填料
· 鸡肉香肠内馅……100 克（具体操作方法请参考第 168 页）

· 菠菜……60 克
· 奶油……10 克
· 盐……适量
· 胡椒……适量
· 香菜……适量

---

1. 取出鸡翅骨头。切除鸡翅中两端关节，拉出两个骨头，一旦切除关节，也能够切除周围的筋膜，所以骨头就容易去除。

2. 用奶油炒菠菜，加盐、胡椒调味后切碎，将菠菜加入鸡肉香肠内馅，然后充分搅拌。

3. 将步骤 2 的内馅填入鸡翅，用平底锅煎烤至表面微焦上色，再放入 170℃烤箱内烤至全熟。

4. 香菜用 160℃熟油油炸后撒上，上桌的时候，附上吸收小钵。

（谷昇）

【煎鸡皮拌山葵叶】

最适合作为开胃小菜或下酒菜。鸡胸肉的鸡皮比鸡腿的皮要薄。因此在此使用鸡胸皮。

· 鸡皮（鸡胸肉的鸡皮）……1 块
· 山葵叶……适量

腌渍酱汁（比例）
· 高汤……8

· 浓味酱油……1
· 味啉……1
· 柴鱼片……适量

---

1. 用菜刀削除鸡皮内侧的脂肪。

2. 将鸡皮摊平在平底锅上，用小火干煎，以纸巾仔细擦除煎出来的鸡油，中途翻面，同样以小火慢慢煎烤 10 分钟，去除多余的油脂，然后切为薄四方形。

3. 洗净山葵叶铺放在网筛上，避免重叠，用沸水浇淋，然后立即用冰块水冲洗。再直接以保鲜膜密封静置一晚。一定要排除空气，避免接触空气。

4. 混合腌渍酱汁材料，并加入柴鱼片一起煮开，然后放置让其冷却。在此加入放置一晚的山葵叶稍微浸泡（短时间即可）。

5. 将煎好的鸡皮与步骤 4 沥除水分的山葵叶重叠摆盘，要避免混合搅拌，否则鸡皮会因吸收水分而失去酥脆的口感。

（江崎新太郎）

【鸡皮拌芹菜】

由于鸡皮富含脂肪，故先要放入已加有盐、酒的沸水中氽烫20分钟，去除脂肪然后再使用。这样不仅可以去除脂肪，也可以让高汤味道通过炖煮更加入味。这是一道非常下酒的料理。

- 鸡皮（鸡腿肉鸡皮）……1块
- 芹菜……1/2根
- 黄花菜……2~3根
- 麻油……适量

炖煮酱汁
- 砂糖……2克

- 味啉……10毫升
- 浓味酱油……15毫升
- 日本酒……15毫升
- 姜汁……10毫升
- 红辣椒（切圆片）……少许

---

1. 选择附着在鸡腿肉上较厚的鸡皮最为合适。先放入加有盐、日本酒的沸水中烫煮20分钟，去除其脂肪和腥味。

2. 立即用冷水冲洗鸡皮，待其冷却后切丝。

3. 将芹菜茎切丝，芹菜叶略切，黄花菜则切为1厘米长的段。

4. 锅中倒入麻油加热，拌炒步骤2的鸡皮，然后加入芹菜与黄花菜拌炒。再倒入炖煮酱汁煮约15分钟。为了避免煮焦，要时刻注意火力的调整。若味道较重时，可加入鸡高汤（属分量外）调整口味。

（江崎新太郎）

【蛋皮卷生菜烟熏鸡皮】

烟熏鸡皮以沙拉料理的方式呈现。鸡皮先要氽烫去除其腥味和多余的脂肪，如此一来老汤的味道也比较容易被吸收。

- 鸡皮（鸡腿肉鸡皮）……2块
- 老汤……适量（具体操作方法请参考第105页）

薄烧蛋皮
- 鸡蛋……3个

- 水淀粉……鸡蛋的2/3分量
- 苦菊……适量
- 莴苣……适量
- 紫莴苣……适量
- 黄花菜……适量

---

1. 用沸水氽烫鸡皮，去除腥味和脂肪，然后放在煮开过的老汤中烫煮10分钟。

2. 沥除水分，然后将鸡皮在料理浅盒中摊平，以散去水气，再用与烟熏全鸡的相同方法来熏制鸡皮10分钟（具体操作方法请参考第105~106页）。

3. 分切为适当大小。

4. 制作薄烧蛋皮。打散鸡蛋，加入水淀粉充分搅拌，在平底锅内倒入薄薄一层，快速煎煮两面。

5. 将苦菊、莴苣和紫莴苣洗净，控干水分，切成适当的大小；黄花菜洗净控干。

6. 将鸡皮和步骤5的成品混合。用薄烧蛋皮包裹卷起来。

7. 分段切为适当长度后装盘。

（出口喜和）

1.

3.

1. | 冷卤鸡翅
   （具体操作方法请参考第 175 页）

2. | 卤鸡翅与鸡肝
   （具体操作方法请参考第 175 页）

3. | 辣炒鸡皮
   （具体操作方法请参考第 176 页）

【 冷卤鸡翅 】

虽然在此使用的是鸡翅，但也可以用炸得酥酥脆脆的鸡皮、小竹荚鱼或者西太公鱼代替。

· 鸡翅……4 只
· 马铃薯淀粉……适量

卤汁
· 老酒……15 毫升
· 浓味酱油……45 毫升
· 鸡高汤……45 毫升
· 砂糖……2.5 小匙
· 柠檬汁……15 毫升
· 黑醋……8 毫升
· 白醋……8 毫升

香辛料
· 长葱（切段）……1/2 根
· 蒜头……5~6 颗
· 姜……1 块
· 红辣椒……10 个
· 月桂叶……1~2 片
· 花椒……1 小匙
· 八角……1 个
· 香菜……适量

1. 用盐揉搓鸡翅并冲洗。切除鸡翅尖，仅使用鸡翅中部位，并纵向对半切开。

2. 鸡翅表面均匀地撒上马铃薯淀粉，放入 150℃ 油锅中，慢慢将温度调至 180℃，油炸至全熟。

3. 制作卤汁。用菜刀刀腹剁碎香辛料，热油锅然后放入香辛料，再将其他调味料放入锅中一起加热。接着加入油炸过的鸡翅，关火直接让其冷却。

4. 冷却 1~2 小时，让其入味，凉后即可食用。放入冰箱冷藏可保存 1 个星期以上。

5. 盛装在盘子内，添上香菜即可。

（出口喜和）

【 卤鸡翅与鸡肝 】

老汤为卤煮酱汁，在高汤中加入酱油或砂糖、老酒、八角或陈皮等各种香料，不仅可以卤煮鸡肉，也可以使用老汤炖煮牛肉等料理。每间店的老汤配方都各有特色各不相同，各有特色。

· 鸡翅……3 只
· 鸡肝……4 个
· 老汤……适量（具体操作方法请参考第 105 页）

· 麻油……适量
· 青葱（斜薄片）……适量

1. 将鸡翅尖切除，仅使用鸡翅中部位。用沸水快速氽烫鸡翅中使鸡皮更加紧实。

2. 用老汤卤煮 25~30 分钟。

3. 用沸水快速氽烫鸡肝，然后用老汤卤煮 10 分钟。

4. 鸡翅与鸡肝都淋上麻油，盛盘后撒上青葱。

（出口喜和）

【辣炒鸡皮】

原本一道使用脆牛肉的四川料理，现用鸡皮稍作改进便成了这道辣炒鸡皮料理。炸鸡皮也可以与四季豆或雪里蕻等咸菜拌炒。

- 鸡皮（鸡腿肉鸡皮）……5 块
- 蒜苗……3 根
- 盐……适量
- 胡椒……适量
- 马铃薯淀粉……适量
- 蒜头（切碎）……1 小匙
- 姜（切碎）……1 小匙
- 豆瓣酱……略少于 1 小匙

调味料
- 盐……少许
- 浓味酱油……5 毫升
- 鸡高汤……少许（具体操作方法参考第 70 页）
- 酒酿……10 毫升
- 醋……少许
- 红辣椒粉……少许
- 姜丝……适量

1. 鸡皮撒上盐、胡椒和马铃薯淀粉。

2. 油温加热至 160℃，将步骤 1 的鸡皮摊开放入，慢慢调升油温至 180℃，油炸至酥脆，沥除油分，然后切作细长形。

3. 蒜苗切段后过油。

4. 锅中加油、蒜头、姜，加入豆瓣酱爆香，然后倒入调味料加热，再加入过油的蒜苗拌炒，放入步骤 2 的鸡皮稍微拌均匀。

5. 盛盘，撒上姜丝、红辣椒粉即可。

（出口喜和）

炖煮鸡杂卷
（具体操作方法请参考第 180 页）

鸡肉鸡胗搭配马其顿生菜沙拉
（具体操作方法请参考第 180 页）

鸡杂冻

（具体操作方法请参考第 181 页）

朗姆酒风味鸡肝、鸡心、鸡胗
佐核桃与葡萄干

（具体操作方法请参考第 182 页）

烤山葵鸡胗与鸡心

（具体操作方法请参考第 182 页）

【 炖煮鸡杂卷 】

这道内脏料理必须要煮熟，若没能煮熟煮透，酱汁的味道就无法被吸收了。

- 鸡肝……50 克
- 鸡腿肉……60 克
- 鸡心……40 克
- 培根……20 克
- 鸡胗……50 克
- 糖渍小洋葱……6 颗
- 糖渍胡萝卜（切作橄榄球形）……6 块
- 蘑菇……4 朵
- 盐……适量
- 面粉……适量
- 奶油……适量
- 橄榄油……适量

酱汁
- 红酒……200 毫升
- 黑加仑酒……10 毫升
- 炒洋葱酱汁……50 毫升（具体操作方法请参考第 84 页）
- 奶油……20 克

- 香芹（切碎）……适量

＊黑加仑酒为加入黑加仑甜味剂的蒸馏酒。
＊鸡肝、鸡心和鸡胗需事先清理干净（具体操作方法请参考第 20 ~ 22 页）。

---

    1. 首先制作酱汁。锅中倒入红酒、黑加仑酒充分熬煮浓缩，再加入炒洋葱酱汁，然后加入融化的奶油，增添风味和浓醇度。

    2. 鸡腿肉切为适当大小、涂抹盐，然后静置。平底锅中倒入橄榄油，将鸡腿肉表面煎至呈淡茶色。

    3. 分别将鸡肝、鸡心及鸡胗清理干净、涂抹盐。鸡心和鸡胗用奶油煎炒，鸡肝则撒上面粉后油炸。

    4. 糖渍小洋葱及胡萝卜（具体操作方法请参考第 134 页）。蘑菇用奶油煎煮，培根则切为 5 毫米宽的条状，煎至酥脆。

    5. 将鸡腿肉加入酱汁内稍加炖煮，接着再将其他材料全部加入炖煮，盛盘后撒上香芹。

（谷昇）

【 鸡肉鸡胗搭配马其顿生菜沙拉 】

马其顿沙拉是一道将所有材料切成小块制成沙拉的料理。将蔬菜或油渍物切成小块，搭配上温和口味的蛋黄酱，使用油渍肉类来提味。

油渍鸡胗 50 克
- 鸡胗
- 盐……鸡胗重量的 0.12%
- 胡椒……鸡胗重量的 0.12%
- 固体油脂……2
- 橄榄油 ……1

- 油渍鸡腿肉 50 克（具体操作方法请参考第 86 页）
- 马铃薯……130 克
- 胡萝卜……80 克
- 芹菜……40 克

- 小黄瓜……25 克
- 蛋黄酱……80 毫升
  蛋黄……1 颗
  法式芥末酱……1 小匙
  白酒醋……适量
  盐……适量
  胡椒……适量
  橄榄油……100 毫升

- 盐……适量
- 胡椒……适量
- 细叶香芹……适量

*蛋黄酱：碗中打入蛋黄，用打蛋器打散后，加入法式芥末酱、盐、胡椒后搅拌混合，慢慢地少量加入橄榄油并同时搅拌，待变得浓稠后加入少许白酒醋，按个人喜好口味及浓度。

---

1. 制作油渍物。清理鸡胗（具体操作方法请参考第 20 ~ 21 页），用手将盐、胡椒涂抹于鸡胗表面，并搓揉帮助入味，静置 1 小时。

2. 锅中放入固体油脂及橄榄油，开火加热使固定油脂融化，再放入步骤 1 的鸡胗，保持80℃油温，煮约 30 个小时；从火源移开且放凉后，放入密封容器内冷藏至冰箱。

3. 将油渍鸡胗及油渍鸡腿肉自油脂中取出，切为适当大小的方块，以平底锅将表面煎酥。

4. 马铃薯、胡萝卜削皮；芹菜去除粗纤维；小黄瓜削除表皮颗粒。

5. 马铃薯及胡萝卜烫煮至软，取出并沥干水分；芹菜及小黄瓜则用沸水快速氽烫，再以水冲洗后沥干水分。

6. 用蛋黄酱混合搅拌的油渍物和切成小方块的蔬菜，再以盐、胡椒调味，盛装至容器内，最后以细叶香芹装饰。

（谷昇）

【鸡杂冻】

由内脏类制成的果冻，佐以酸酸甜甜的黑樱桃酱汁和红酒煮樱桃、李子干，美味极了。

· 鸡冠（冷冻）……500 克
· 鸡心……100 克
· 鸡胗……150 克
· 鸡肝……200 克
· 红酒……1 升
· 黑加仑酒……150 毫升
· 鸡澄清汤……400 毫升（具体操作方法请参考第 42 ~ 44 页）
· 柳橙皮（磨取）……1/4 小匙

· 用红酒煮的李子干……适量
· 用红酒煮的黑樱桃……适量
· 黑樱桃酱汁……适量
· 柳橙皮（切丝）……适量

* 鸡冠可从肉铺或鸡肉专卖店购买。
* 鸡胗、鸡心、鸡肝：分别去除血水并清理干净，再分切处理好（具体操作方法请参考第 20 ~ 22 页）。

---

1. 鸡冠用流动清水冲洗，去除血水，然后水煮至沸腾，去除杂质。再用流动清水冲洗，沥除水分静置。

2. 鸡心、鸡胗、鸡肝分别用沸水烫煮。

3. 往锅中倒入红酒、黑加仑酒、鸡澄清汤，加入步骤 1、步骤 2 中的成品，炖煮至酱汁渗入所有材料为止。

4. 将磨好的柳橙外皮加入。

5. 将成品倒入肉冻模型并压住，待散热后在冰箱内冷冻一天一夜；从模型中取出分切，盛装在盘中。

6. 放上用红酒煮的李子干和黑樱桃，再淋上黑樱桃酱汁（用黑樱桃汁熬煮浓缩而成），最后撒上柳橙皮。

（谷昇）

【 朗姆酒风味鸡肝、鸡心、鸡胗佐核桃与葡萄干 】

要将内脏类食材烤得香气四溢，最重要的就是将核桃和炒成茶色的糖充分混合，引出核桃的香气。

- 鸡肝……80 克
- 鸡心……6 个
- 鸡胗……60 克
- 橄榄油……适量

酱汁
- 砂糖……15 克
- 核桃（去皮）……30 克
- 朗姆酒……50 毫升
- 鸡高汤……50 毫升（具体操作方法参考第 70 页）

- 奶油……20 克
- 酒酿葡萄干……1 大匙（具体操作方法请参考第 147 页）
- 欧芹（切碎）……0.5 小匙
- 盐……适量
- 胡椒……适量

* 鸡胗、鸡心、鸡肝：分别去除血水并清理干净，再分切处理好（具体操作方法请参考第 20 ～ 22 页）。

---

1. 鸡肝、鸡心、鸡胗分别清理干净，并切为容易入口的大小。

2. 鸡肝、鸡心、鸡胗分别用橄榄油拌炒。

3. 制作酱汁。锅中放入砂糖和 1/2 分量的水后开火加热，炒成茶色的焦糖，然后加入核桃，让核桃与焦糖充分融合，拌炒出香味。加入朗姆酒，然后加入鸡肉高汤熬煮至稍微浓缩，最后将奶油放入使之溶解，来增加浓稠度。

4. 将步骤 2 的成品与酒酿葡萄干、欧芹加入锅中轻轻拌均匀，再加入盐、胡椒调味。

（谷昇）

【 烤山葵鸡胗与鸡心 】

这是一道鸡胗与鸡心的烧烤料理，加入蛋清制作面衣，可使山葵的辛辣味更柔和，故即使加了相当分量的山葵，辛辣味也不会让人太难受。分量可按照个人喜好来调整。

- 鸡胗……50 克
- 鸡心……50 克
- 盐……适量

山葵面衣
- 蛋清……1 个

- 日式淡口酱油……5 毫升
- 山葵泥……1.5 大匙
- 日本酒……5 毫升
- 蔬菜丝（小黄花丝、胡萝卜丝）……适量
- 土佐酱油……适量
- 山葵叶……适量

---

1. 串刺起清理干净的鸡胗和鸡心（具体操作方法请参考第 54 ～ 56 页），撒上盐，然后放在火上烧烤，烤至完全熟透。

2. 制作山葵面衣。将蛋清完全打发，与山葵泥、日式淡口酱油和日本酒混合搅拌。

3. 将鸡胗与鸡心放入大量的拌好的山葵泥，以大火烧烤至稍微上色。

4. 将串签拔起后装盘。放点蔬菜丝和土佐酱油，撒上山葵叶。

（江崎新太郎）

1. | **卤水鸡胗**
（具体操作方法请参考第 185 页）

2. | **盐水鸡胗拌白萝卜丝**
（具体操作方法请参考第 185 页）

3. | **卤水鸡胗佐料生菜沙拉**
（具体操作方法请参考第 185 页）

酥炸鸡心

（具体操作方法请参考第 186 页）

【 卤水鸡胗 】

鸡胗用盐水腌渍后再蒸煮，但也可以用沸水烫煮。如果只是烫煮，需须煮 40~45 分钟。

- 鸡胗……200 克

腌渍酱汁
- 盐……75 克
- 长葱（葱叶部分）……2 根分量
- 姜……1 块

- 花椒……1 小匙
- 日本酒……25 毫升
- 葱白丝……适量
- 香菜……适量

*腌渍酱汁即为所有材料的混合物。

1. 搓洗鸡胗，并去除其脏污。不剥除银皮也可以。
2. 直接将生鸡胗浸泡在腌渍酱汁中，在冰箱中冷藏约 5 天。
3. 取出后用清水冲洗，蒸煮 45~50 分钟，蒸好后放凉散热，再放回冰箱冷藏。
4. 铺上葱白丝，再盛上切为薄片的鸡胗，再加入香菜调味点缀。

（出口喜和）

【 盐水鸡胗拌白萝卜丝 】

也可以使用香菜、葱白丝等取代白萝卜与鸡胗搭配，最好在食用前再加入，然后搅拌，这样味道更佳。

- 卤水鸡胗……200 克（具体操作方法见本页）
- 白萝卜（切细丝）……与鸡胗同量（200 克）
- 盐……适量
- 胡椒……适量

- 醋……10 毫升
- 麻油……5 毫升
- 香菜……适量

1. 将卤水鸡胗切为薄片。
2. 将白萝卜丝与鸡胗混合，加盐、胡椒、醋、麻油拌匀，盛盘后，再加入香菜调味。

（出口喜和）

【 卤水鸡胗佐料生菜沙拉 】

本道料理的鸡胗是以加重卤味的鸡汤蒸煮而成。除了沙拉以外，也可以应用在凉拌前菜等料理。

- 鸡胗……250 克
- 鸡高汤……800 毫升
- 长葱（切段）……适量
- 姜（切段）……适量
- 花椒……适量
- 老酒……60 毫升

- 盐……15 克
- 苦菊……适量
- 紫莴苣……适量
- 黄花菜……适量
- 叶莴苣……适量
- 麻油……少许

· 盐、胡椒、醋、葱油…… 各适量

＊葱油：将长葱切段，加入热橄榄油内爆香所取得的油。

---

1. 将裹有银皮的鸡胗用盐充分地搓洗，再加入 1 小匙小苏打粉（材料外）的沸水烫煮约 10 分钟，然后过筛取出。

2. 加热鸡汤后倒入碗中，放入长葱、姜、花椒，再加入老酒、盐，然后放入鸡胗，盖上保鲜膜，再煮约 45 分钟。

3. 将鸡胗与鸡汤分开，分别放凉，待其冷却后再将鸡胗放回鸡汤中。

4. 将鸡胗纵向切为薄片，撒上适量的盐，淋上麻油。

5. 将蔬菜切成合适大小备用，黄花菜则以水泡发。

6. 把所有蔬菜用盐、胡椒、醋和葱油搅拌均匀。

7. 将鸡胗放入拌好的蔬菜中，装盘即可食用。

（出口喜和）

【酥炸鸡心】

小茴香盐不仅可用在炸物上，与鲑鱼等生鱼片也十分相配，是非常便利且常用的蘸盐。

· 鸡心……150 克
· 盐……适量
· 胡椒……适量

面衣
· 面粉……75 克
· 马铃薯淀粉……30 克
· 泡打粉……1 小匙
· 水……60 毫升

· 大豆油……60 毫升

· 小茴香……盐
· 香菜……适量

＊小茴香盐：
将小茴香干煎后略微捣碎，然后煎盐，再与小茴香混合。

---

1. 将鸡心纵向对半切开，清除血水和血块（具体操作方法请参考第 21 页）。

2. 制作面衣。用略切手法将粉类与水混合，最后加入大豆油混合搅拌。

3. 鸡心撒上盐、胡椒，沾裹面衣，放入 120~130℃热油中，炸熟之后将油温调整至 150 ~ 160℃，将其油炸至酥脆。

4. 沥除油分后盛盘。佐以小茴香盐和香菜即可。

（出口喜和）

1.

2.

3.

1. | **鸡心佐蔬菜酱**
（具体操作方法请参考第 188 页）

2. | **鸡肝酱**
（具体操作方法请参考第 188 页）

3. | **韭菜鸡肝丸子**
（具体操作方法请参考第 189 页）

【 鸡心佐蔬菜酱 】

鸡心若过度加热，口感会变得如橡皮一样坚硬，但若鸡心加热不充分，又会渗出血水，因此要特意留意其加热的程度。

- 鸡心……200 克
- 长葱、姜、花椒……各适量

蔬菜酱
- 上海青菜叶……0.5 棵
- 塔菜菜叶……0.5 棵
- 盐……0.5 小匙

- 橄榄油与蔬菜同量
- 葱油与蔬菜同量

* 蔬菜酱：
    将上海青、塔菜菜叶以盐水氽烫，再以冷水冲洗去除水汽，与其他调味料一起用食物处理器搅拌成糊状。

1. 用清水冲洗鸡心以去除血水，切开，以方便清洗鸡心内部血块（具体操作方法请参考第 21 页）。
2. 用加入长葱、姜以及花椒的沸水快速氽烫鸡心以去除腥味，然后用清水冲洗再冷却。
3. 控干鸡心水分，倒入蔬菜酱，将其与鸡心拌匀。

（出口喜和）

【 鸡肝酱 】

若是蒸煮温度过高，鸡肝会膨胀至如面包般，因此要特别注意控制好温度。猪肝也可以以同样的方式料理。另外在鸡肝内加入豆腐也相当美味。

- 鸡肝……500 克
- 猪背脂……100 克
- 朗姆酒……60 毫升
- 姜汁……30 毫升
- 马铃薯淀粉……120 克
- 鸡清……适量

- 麻油……10 毫升

* 姜汁：
    姜加少许水或酒，倒入食物搅拌机中搅拌并过滤后取得。

1. 鸡肝对半切开去筋（具体操作方法请参考第 22 页），再用马铃薯淀粉或面粉搓洗去除血水。
2. 鸡肝切成适当的大小后，放入食物搅拌机，加入蛋清、朗姆酒、姜汁以和猪背脂一起搅拌。
3. 以网筛过滤后，加入马铃薯淀粉和麻油，再放入食物搅拌机搅拌。
4. 在陶罐形的调理盒内涂上油脂，倒入步骤 3 的成品，再以中火蒸煮约 40 分钟。火较大的时候，稍微将锅盖移开。温度过高，蛋清会膨胀导致出现细小气泡。
5. 散热后放入冰箱冷藏。然后将已冰冻好的鸡肝取出，切成合适的大小即可。

（出口喜和）

【韭菜鸡肝丸子】

使用蒸鸡肝的一道前菜料理。将盐渍韭菜与葱油一起以果汁机搅拌制成的酱汁，是清淡口味料理、肉类和内脏料理所常用且非常便利的提味酱汁，与剁细的凉粉皮等凉拌类料理也很相搭。

· 鸡肝酱……1 块（约 150 克）（具体操作方法请参考第 188 页）

盐渍韭菜
· 韭菜……3 ~ 4 棵

· 盐水……（盐 150 克、水 500 毫升）

· 水煮蛋（蛋黄）……适量
· 香菜……适量

1. 制作盐渍韭菜。韭菜以盐水腌渍约 2 天，待韭菜变黑之后，取出剁碎。
2. 将鸡肝磨碎过筛，摊平于保鲜膜上，中间放入盐渍韭菜后，以纱布裹着拧干。
3. 去掉保鲜膜，将水煮蛋黄磨碎过筛后撒上，再撒上香菜。

（出口喜和）

1. | **卤鸡爪**
（具体操作方法请参考第 191 页）

2. | **芥子酱鸡爪**
（具体操作方法请参考第 191 页）

3. | **凉拌麻辣鸡爪**
（具体操作方法请参考第 192 页）

【卤鸡爪】

将富含胶原蛋白的鸡爪卤煮至软烂，中间骨头可轻易剔除。为了保证干净卫生，一定要事先剪去鸡爪的指甲后再使用。

- 鸡爪……450 克
- 鸡高汤……适量
- 长葱、姜（各切段）……各适量
- 花生……150 克

卤煮酱汁
- 大豆油……60 毫升
- 三温糖（或红糖）……3.5 大匙
- 老醋……180 毫升

- 浓味酱油……15 毫升
- 水……90 毫升
- 长葱（切段）……半根
- 姜（切段）……1 块
- 八角……2 个
- 红辣椒……5~6 个

- 香菜……适量

---

1. 剪去鸡爪指甲，放入锅内，与切段的长葱、姜和大量的鸡高汤慢煮 20~30 分钟。

2. 用小苏打水汆烫花生，沸腾后再换水一次，为了去除小苏打，要再以沸水焯一下。

3. 制作卤水酱汁。将大豆油与三温糖混合加热至呈透明褐色后，再加入老醋、浓味酱油、水、长葱、姜、八角和红辣椒一起煮。

4. 加入步骤 1 的鸡爪，以小火煮 6~7 分钟至熟后，再加入煮好的花生继续煮，煮 50 分钟至 1 个小时。盛装鸡爪和花生，撒上香菜即可。

（出口喜和）

【芥子酱鸡爪】

芥子酱与生章鱼或盐渍鱼也很相搭，而在此也可拌以腌渍白菜时所使用的较浓的芥子酱。辣味可依照口味喜好，增减黄芥末的使用量。

- 鸡爪……450 克
- 鸡高汤……适量
- 长葱（切段）……适量
- 姜（切段）……适量

芥子酱
- 黄芥末（粉状）……20 克
- 味浓酱油……15 毫升

- 醋……2.5 毫升
- 盐……少许
- 花椒油……适量
- 香菜……适量

* 花椒油：将熟油浇淋在花椒上，让其更加香气四溢。

---

1. 剪去鸡爪脚指甲，放入已加入长葱、姜和大量鸡高汤煮上 1 小时。

2. 鸡爪去骨（具体操作方法请参考第 23 页）。

3. 制作芥子酱。将所有材料混合成液体状态即可，辣味可依个人的口味喜好调整。

4. 将处理好的鸡爪与芥子酱拌匀，盛上装盘，然后在其表面撒上香菜。

（出口喜和）

【凉拌麻辣鸡爪】

麻辣酱汁除了能做美味鸡爪，也能与牛腱、牛筋等食材凉拌。每一道都让爱吃之人欲罢不能。

- 鸡爪……450 克
- 鸡高汤……适量
- 长葱（切段）……适量
- 姜（切段）……适量

麻辣酱汁
- 红辣椒（烤干后磨粉）……10 个
- 花椒……1 小匙
- 长葱（切碎）…… 1/2 根

- 姜（切碎）……1/2 块
- 蒜头（切碎）……3 瓣
- 老酒……10 毫升
- 浓味酱油……10 毫升
- 盐……少许

- 麻辣油（加有花椒之辣油）……15 毫升
- 香菜……适量

1. 将切段长葱、姜、大量鸡高汤和鸡爪一起慢炖 1 个小时。
2. 鸡爪去骨。
3. 制作麻辣酱汁。将所有材料混合后冰镇。
4. 盛装鸡爪，淋上麻辣酱汁，在其表面放入香菜点缀调味即可。

（出口喜和）